「食」の図書館

コメの歴史

RICE: A GLOBAL HISTORY

RENEE MARTON
レニー・マートン【著】
龍 和子【訳】

原書房

目次

第3章　大航海時代以後のコメ　61

第4章　変化するコメの食べ方　99

［……］は翻訳者による注記である。

序章◉コメは万能選手

コメなしでは、どれほど料理の腕がたつ妻でも料理を仕上げることはできない。
（必要な材料がそろわなければ、何事もうまくはいかない）
——中国のことわざ

◉世界の人口の3分の2はコメが主食

世界のどこにいようと、私たちは毎日コメを食べることができる。じつのところ、稲作が根づいている国々を中心に、世界の人口の3分の2はコメを主食にしている。コメ文化をもつ国からの移民が多数定着した国々でも、コメの消費量は増加している。中国、南アジア、インド北部——このほか、インドネシアやミャンマー、日本にいたるアジア諸国に加え、西および中央アフリカといった地域で、稲作は生まれた。これ以外の地域では、コメは外から持ちこまれた。

当初、コメの栽培と貿易が行なわれるようになったのは、利益が大きいことと、労働者の食糧とすることがふたつの大きな要因だった（同時に両方が目的だったとはかぎらない）。コメの流入には、強制的であれ自発的であれ、移民もともなった。そしてコメも人も、新しい土地になじんでいったのだ。

ニューヨークから中国南部の広州に飛んだら、朝食はたぶんコンギー（ジュクともいう。粥のこと）になるだろう。毎日何百万人もの人が口にするこの粥は、前夜に残ったご飯で作ることが一般的だ。カリフォルニア州サクラメントで食べるコンギーもおいしい。ここには、1850年代に、ゴールドラッシュで沸くカリフォルニアに広東から移住してきた人たちの子孫が、今も残るからだ。

コメはカリフォルニアの中国人労働者4万人の食糧として輸入された。しかし、カリフォルニアで産業としての稲作が本格的にはじまったのは19世紀後半になってからのことで、商業用のコメの栽培が盛んになったのは1920年代以降である。1850年、カリフォルニアが州になった当時はコメの大半は中国から輸入されていたが、1950年にはサクラメント・バレーに稲作がしっかりと根づいていた。2008年には、カリフォルニア州で栽培されたコメの50パーセントが、日本、韓国、ウズベキスタン、トルコに輸出された。

アメリカではじめて中国料理のレストランを開いたのは広東からの移民で、店はおもに中

コメを広げて天日干しする女性。雲南省、2011年。

国人客向けのものだった。アメリカ人は少しずつ「東洋」の食事に興味を示すようになり、アメリカ人家庭に雇われる中国人コックもでてきた。こうした広東出身の中国人コックは、料理を出すときにはたいてい白いご飯をつけた（コメを主食とする国々では、白飯《はくはん》を供するのが一般的だ）。いわゆる「チャーハン」は、あまったご飯を上手に使い切ろうとして生まれたものだとよく言われるが、今では、どのレストランのメニューにも載っている立派な一品となっている。アジアの外で、非アジア人のために手を加えてできた料理の代表格だ。

１９６５年にアメリカで移民法が緩和されると、広東以外の地域——台湾、香港、福建省からも移民が流入し、ニューヨーク、サンフランシスコ、ロサンゼルスその他の都市で、こうした移民をひとくくりにして「中国人《チャイニーズ》」というようになった。同時に、それぞれの地域のコメ料理もアメリカに持ちこまれた。

アメリカ東部サウスカロライナ州チャールストンで新年を迎えると、料理と一緒にホッピンジョンも出てくるはずだ。ホッピンジョンはコメとササゲの一種の黒目豆《くろめまめ》で作る、西アフリカの料理だ。イギリス、オランダ、フランス、スペイン、ポルトガル各国の植民地、それにまだアメリカと呼ばれる前の植民地に奴隷たちが持ちこんだものだ（こうした植民地ではコメが主要農作物になった）。そしてまた、サトウキビや綿花、タバコ、藍などの植民地時代のプランテーションの労働者たちは、カリブ諸島やブラジル、ペルー、キューバ、メキシコの一部にも広まった。

西インド諸島にはインド人も契約労働者として渡り、その後、中国その他の国の人々も入ってきた。当初、コメは奴隷や労働者向けに輸入されていただけだったが、次第に商品として認められるようになった。ホッピンジョンが大好きでよく食べているあなたは、アフリカやカリブ地方出身者の子孫である可能性が高い。それに、住んでいるのがアメリカ南東部やカリブ海諸島、またはメキシコだとしても、出身地は、中西部のミシガン州デトロイトやインディアナ州ゲアリーかもしれない［どちらもアフリカ系アメリカ人が多い］。

◉コメは万能選手

さて、あなたが友人と会って寿司と酒を楽しむことになったとしよう。ポルトガル語や英語が飛び交っているところをみると、東京ではなく、ブラジルのサンパウロかロンドンだ。このように、寿司は「世界のコメ料理」として登場したのは最近であるにもかかわらず、世界中のたいていの都市で食べることができる。

カリフォルニア・ロールのように形を変えたものもある。この裏巻き寿司は玄米で作ることもあり、具材にはアボカド、キュウリ、ニンジン、タマゴ焼き、ハーブを用いるが、生魚は入れない。カリフォルニア・ロールはシンガポールの高級日本料理店や上海のコーシャー［ユダヤ教の食事規定にのっとった食物］認定レストランのメニューにも載っている。東京の料理学校のシェフも、「正しい」作り方を教わっているはずだ。

そしてニューヨークに戻ろうと飛行機に乗れば、機内の雑誌にはパエリヤやリゾット、ビリヤニ［コメとカレーを層にして重ねて炊き込んだ料理］、ピラフといった有名なコメ料理が掲載されている。この4つの料理は家庭でもレストランでも青空市場でも調理されるし、屋台のトラックや祭りでも供される。もとは、それぞれスペイン、イタリア、インド、イランの料理だ。近年の歴史調査では、こうした料理の起源は、モンゴル帝国やイスラム商人にまでさかのぼることがわかっている。

さてニューヨークに戻ると、空港で客待ちをするバングラデシュ人のタクシー運転手が、ジャールムリをすすめてくれる。このコルカタ地方の食べ物は、パフライス［コメに圧力をかけて一気に解放し、膨らませたもの］にレモンとコリアンダーで味付けし、ピーナッツときざんだタマネギとチリと混ぜたものだ。ニューヨークの街の一角では、南インド出身者が屋台でコメとレンズ豆の粉で作ったクレープの一種、ドーサを売っているし、通りの反対側では、パキスタン人がチキンライスやカレーライス、ラムのビリヤニを出している。

宗主国イギリスとその植民地インドという関係は1947年に終わったものの、2国間の料理のつながりは、1世紀あまりにわたって深まっていった。植民地になる前も独立してからも、インドからの移民がイギリスに入ってきたからだ。そしてインド帰りのイギリス人の多くは、スパイスの効いたインド料理を懐かしんだ。一部には、インドから連れ帰ったインド人妻やコックにインド料理を作ってもらい、舌鼓をうつ人もいた。

一方でインドからの移民は、イギリス人の生活にインド料理を取りこんだ。そしてインド人移民が街に屋台やレストランを出し、のちには加工食品製造業やスーパーマーケット業界に進出したことで、インド料理は一気に広まったのだ。

食べ物の話がこう続くと、胃もたれしてもおかしくない。その解消には、胃にやさしいクリームオブライス［コメを牛乳で煮た粥のような料理］（コンギーとよく似ている）はどうだろう。オルチャタを飲むのもいいだろう。中央アメリカやメキシコ由来の、コメから造った冷たい飲み物だ。玄米せんべいをつまむなら玄米茶が合うが、ときにはバドワイザーもいい。もちろん、バドワイザーの主原料のひとつもコメだ。子供にはコメのシリアルを使ったライスクリスピーを作ってあげて、犬にもコメを食べさせる。そう、ペットフードもコメ入りだ。コメは万能選手だ。これまでに挙げたのはコメ料理のほんの一部でしかない。胃もたれがなおったら、シメにはレーズンとピスタチオ入りのライスプディングはいかがだろう。ディナー・パーティーのデザートにぴったりだ。

第1章◉コメとはなんだろう？

バナナの葉で包んで蒸したり、鍋でことこと煮たり電気炊飯器で炊いたり。そうしてできた白いご飯がキャンバスであるかのように、それぞれの料理文化がその上にのることも多い。キムチ、しょうゆ、塩漬け豚肉、魚の干物、ヤムイモ、牡蠣。こうした調味料やご飯の友には、文化遺産の意味合いがある。

またコメ文化においてコメは食事そのものであり、食事の主要なカロリー摂取源だ。一般には精白米が好まれるが、精米を一部にとどめたコメが使われることも多い。こちらのほうが生産に手がかからないし、調達価格も安いうえに、白米よりも栄養価は高い。挽いたコメは麺やフラットブレッド「平らにのばして焼いたパン」やお菓子、せんべい類の原料になる。米粉はソースやたれのとろみ付けや、プディング、ソーセージ、ベビーフードやペットフー

竹を容器に調理し、香り付けしたもち米。

ドのつなぎに使うし、化粧品にも入っている。

コメから生まれるのはこのほかにも、ライスペーパー、酢、味噌、ぬか油、ビール、ライス「ミルク」やライス「ワイン」がある。パフライスやフレークは、シリアルやスナックやせんべい、ペストリーやパンに利用する。そして稲藁《いなわら》や籾殻《もみがら》はサンダルやマットの材料になり、燃料にも使われる。

◉稲の栽培

コメはたいていの環境で生育する適応力の高い穀草《こくそう》だが、多産というわけではない。稲作の50パーセントが水田での栽培で、２０１０年の収穫高約7億トン（うち約30～35パーセントは脱穀や精米の過程で失われる）の75パーセントを占める。水稲はまず育苗してから水田に移される（田植え）。1年に1～3期作（コメの種類と栽培する場所や気候による）を行なうにあたって、田植えは骨は折れるが、物理的に必要なプロセスだ。

水稲農業は、中国南部、東南アジア、その他のアジア諸国、インド、アフリカ、アメリカ、メキシコおよび南アメリカなど、おもに回帰線付近の地域でみられる。このほか、低地での、雨水に頼った天水栽培が20パーセント、高地での栽培が5パーセントほどある。高地栽培は

コメをふるいにかけるリベリア人女性。こうして傷のない白米を集める。

陸稲《りくとう》［「おかぼ」ともいう］耕作ともいわれ、おもに南アメリカやアフリカで行なわれている。そして浮き稲がある。これは50センチほどの水深で育つ稲で、バングラデシュや、河川や渓谷が氾濫する地域での収穫が多い。稲は生育が早く、4メートル程度の水位にも追いつくものもある。

世界の人口が増え、都市部が拡大するなかで、コメ生産者は需要に生産が追いつくよう力をつくしている。高収量のコメや土壌にやさしい灌漑《かんがい》を取り入れるのに加え、一部では垂直農法も行なわれている。この棚田の変形ともいえる耕作法は、高い建物の側面や巨大な温室のなかを上へ上へと積み上げるようにして栽培するものだ。

また、増加する需要に合わせ、新種の高収量のコメが開発中だ。コメの風味と稲作の持続可能性を追求し、「オーガニック（有機栽培）米」作りも行なわれているが、一方で、最近報道されているコメにヒ素が含まれているという問題についても調査が行なわれており、これを減らす方法も研究中だ。ヒ素は自然に存在する鉱物で植物の根から吸収されるが、近年、とくにカリフォルニア米で含有量が増加している。この問題は現在調査をしている段階で、これまでのところ明確な理由はわかっていない。

◉食材としてのコメの価値

白米には多くの調理法があり、その料理自体が文化遺産でもある。プソ（葉に包んで調理したコメ）を食べていたとすれば、それが１９６５年以前なら、食べた人はフィリピン人で、場所はマニラだろう。１９６５年にアメリカの移民受け入れ数が緩和されたあとならば、カリフォルニア州デイリーシティだったのかもしれない。ここにはフィリピン人移民が多く住んでいるからだ。

玄米は、脂肪分やコレステロール、ナトリウムが少ない複合糖質であり、８種のアミノ酸とビタミンB、鉄分、カルシウム、食物繊維を含む。栄養価が高く、歯ごたえがよい。そ

出荷に向けて、麻袋に詰められる玄米。

れなのに、たいていの人は白米を食べたがる。白米はぬかと胚芽を除去したコメで、貯蔵がきき、調理時間も短く価格も高くはないし、消化がよく満足感を得られる。白という色にも長いあいだに築かれたイメージがあり、純潔、清潔、地位や品質の高さなどを象徴する。

調理したコメは、コンギー（粥）のようにとろとろしたものもあれば、ピラフの鍋底にできるタフ・ディーグ（おこげ）のように硬いものもある。コメは塩気もつけられるし甘くもなる。やわらかいものもあれば、サクサクのものも、熱いものも冷たいものもある。コメを食事の道具にもできる。もち米を小鉢に入れて指で押すと簡単につぶれるので、これにたれをつけて、ひと口大の肉や魚、野菜をのせて食べる。さまざまなアレンジがきくのがコメだ。

コメを大量に消費する地域では、コメが1日の摂

黒を背景に、赤いボールによそった白米。なんとも美しい。

取カロリーの3分の2を占める。このように地域によってはかなり消費量が大きいのは、すでに述べたもの以外にも、コメが4つの特徴を持つからだ。まず、ピラフやライスプディングのように、コメの味や食感は保ちつつ、ほかの食材を補い、引き立てやすい。次に、ヴィンダルーやカレーやガンボのようにスパイスを効かせやすいことがある。さらに、ブドウの葉に詰めたり、ブラッドソーセージに混ぜたりするときのように、コメが水分を保つのでジューシー感が増す。最後に、コメを一緒に食べると、食事のコストは下がるのが一般的だ。

ところが、最低水準かそれに近い生活の人々が食事の中心におくコメが、一方では、近年「先進」国で高所得者層が口にするものになっている。統計上は、裕福になるほど人は動物性たんぱくを多く摂ることがはっきりしている。自由に使える収入が増えるほど、高品質なたんぱく質食品を摂ろうとするのだ。

反対に先進工業国では健康問題への関心のほうがむしろ強く、玄米の消費量が増加し、それにともない肉や魚の消費は減っている。とはいえ、人口が増加すればコメの需要も大きくなるし、そのコメとはおそらく白米だろう。

フィリピンの国際稲研究所（ＩＲＲＩ）の調査では、２０１０年の、個人のコメ消費量（重量）が多いのは次の20か国だ。これは、ひとりあたりの年間コメ消費量をキロ数で調査したリストだ。中国、インドネシア（そして表にはないがインド）は、ひとりあたりの消費量で

1年間のひとりあたりのコメ消費量（kg）

ブルネイ	245	スリランカ	97
ベトナム	166	ギニア	95
ラオス	163	シエラレオネ	92
バングラデシュ	160	ギニアビサウ	85
ミャンマー	157	ガイアナ	81
カンボジア	152	ネパール	78
フィリピン	129	北朝鮮	77
インドネシア	125	中国	77
タイ	103	マレーシア	77
マダガスカル	102	韓国	76

は上位ではないが、人口が多いため、コメ生産量・消費量ともに絶対量では世界のトップクラスにある。

リストにはないが、2008年のブラジルの年間コメ摂取量はひとりあたり44キロ（サンパウロで寿司の消費量が多いのも一因だろう）、アメリカは11キロだった。

世界のコメの大半の栽培品種はアジアイネ（学名 *Oryza sativa*）から派生しているが、品種ごとに味や香りなどの官能評価［物理／化学的検査でなく人間の感覚で製品の品質を判定すること。およびその評価］が大きく異なるため、気候、地質、地理といった、コメが生育する環境（テロワール）は、コメの遺伝子にとってはもちろんだが、風味や色、香りにも非常に重要だ。稲には11万5000あまりもの品種があるのだ。

稲作はかなりの労働集約的農業であり、また収穫高を上げようとすれば大量の水を必要とする。コメを毎日の主食とする人々はなぜそこまでしてコメを生産するのだろうか、という疑問もわく。だがこの疑問のなかにこそ、答は隠れている。非常に苦労してコメを育てているからこそ、人々はコメを心から大事にするのだ（コメへのこの気持ちは人々が都市部に移っても変わらないが、違った形で表されている。たとえば、コメ抜きの食事はいまだに「きちんとした」食事を摂ったとはいえず、軽食だと思われている）。移民が食べたいのも、「祖国の」コメだ。

それに稲作の作業には、それだけの価値がある。コメの収穫量と消費カロリーは、同じ面積からとれる小麦やトウモロコシ、大豆、その他雑穀よりも高いのである。

◉コメの種類と形状

玄米にバスマティ、もち米、それにアンクルベン［アメリカのブランド］のコメ。どんなコメがお好みだろう。だがこうしたよく耳にする種類や銘柄は、じつは、正式な分類ではない。これらのコメは、粒の大きさや形、色、粘性、味、香りの違いをいっているだけだからだ。たとえば玄米は、籾《もみ》（米粒を覆って守っている外側の部分）を取り除いたもので、ぬかと胚芽《はいが》、栄養分が含まれている。この3つを除去したのが白米で、成分はほぼでんぷんのみだ。

さまざまな種類の、七色のコメ。

インディカ米は熱帯や亜熱帯地域で生育し、国際取引量の75パーセント超を占める。インディカ米は調理してもパラパラとして米粒同士がくっつかない。

一方ジャポニカ米は、一般に熱帯や亜熱帯よりも気温の低い気候で生育し、国際取引量の10パーセント程度だ。ジャポニカ米は粘性があり、箸でも食べやすい。

香り米は、タイのジャスミンライス、インドやパキスタン、バングラデシュのバスマティがおもだった品種で、国際取引量の10パーセント程度を占め、世界の市場では高級品として販売されている。どれも長粒で芳香を特徴とし、調理後もふわりと香る。

そして東南アジアのもち米はデザートや儀式用の料理に使われ、国際取引量の5パーセントだ。このコメはこねて棒状や団子状にしてソースやカレーにつけたり、甘くておいしい具材を包む「皮」にしたりする。ただし、もち米は、小麦やライムギ、大麦のたんぱく質であるグルテンとはまったく別物だ［もち米は英語でglutinous rice、グルテンはglutenであり、表記が似ている］。

非常に多様で適応力のある穀草、コメの分類はさまざまな機関が行なっており、USDA（アメリカ農務省）の場合、インディカ米、ジャポニカ米、香り米、もち米の4つだ。インディカ米とジャポニカ米の中間に位置するジャヴァニカ米は含まれていない。またUSDAは、タイ北部やラオス、中国の雲南州で、もち米が菓子だけでなく主食にも取り

◉バスマティ米

バスマティは長粒の白米で、古米であることが多い。インド、パキスタン、バングラデシュ産の香り米であり、そのポップコーンのような芳香と、調理後も十分に香りを保つことから、評価が高い。米粒はくっつきにくい。

◉もち米

もち米には長粒種や短粒種のものがあり、調理後は粘性がありくっつきやすい。もち米は、ほかの料理を「すくう」「道具」として使われることもある。ほかの種類のコメよりも、もち米のほうが食べごたえがある、という人もいる。長粒種のもち米がみられるのは、タイ、ラオス、中国南西部だ。

◉アンクルベン

アンクルベンは、アメリカの「パーボイル」米のブランド名だ。スチーム加工して、栄養分をぬかから米粒の中心部へと「押し込む」ことで、米粒が栄養分の80パーセントを保持している。マーズ社の子会社であるマスターフーズ社がアメリカで収穫、パッケージしており、アンクルベンは世界的ブランドとなっている。

入れられている点も考慮していない。さらに、アメリカ産のジャスミンライスとバスマティは（このほかにもいろいろな名はあるが）ジャズメンとテクスマティと呼ばれていて「ジャズとテキサス州をもじったもの」、ジャスミンとバスマティとよく似てはいても、この名称は分類システムに入っていない。もっとも、ワシントンＤＣでのロビー活動が功を奏せば、この名も採用されるかもしれないが。

◉もち米

コメに含まれるでんぷんはおもにふたつある。アミロースとアミロペクチンだ。どちらの含有量が多いかによって、調理後のコメの粘性が決まる。もち米は丸みのある短粒のコメで、アミロースの量がごくわずかだ。蒸したり炊いたりしたものは、のばして広げたり、団子状に丸めてたれをつけたりできる。この団子は、小麦から作ったバゲットのスライスやひと口大にちぎったナンでソースをすくったり、それに肉や魚をのせたりするのと同じような食べ方をする。さらにもち米は、野菜やあんや果物を包む「皮」にしたり、ギョーザを作ったりもできる。

もち米は中国南部やラオス、タイでは、水に浸して蒸し、主食とする。日本、朝鮮半島、

つまめる軽食。ココナツと炒りゴマをふったもち米の団子。

蒸しカゴで調理して供されるもち米。もち米はさまざまに使える。

中国北部では、この地域ほどはもち米を食べず、また半もち米の人気が一番高いのがインドネシア、フィリピン、マレーシア、ベトナムだ。半もち米にはジャポニカ米やジャヴァニカ米のものがあり、食感は粘っこいものとふっくらの中間といったところだ。

タイ、ベトナム、アメリカはインディカ米の3大輸出国だが、もち米を好む傾向は世界中で広まっている。もち米は中国南西部、東南アジア、それに日本で人気があって栽培されており、プディングや菓子用の皮に使われる。独特の味や食感を出したり、のび具合を調節したりするために、もち米とふつうのコメを混ぜる場合もある。また、ご飯として食べるときは、蒸したときのカゴに入れたままもち米を供することもある。

◉短粒種　中粒種　長粒種

パエリヤには短粒米を用いるのが一般的だが、中粒種もよく使われる。パエリヤ鍋は浅型で大きく、持ち手がふたつある。この鍋で香草と肉を炒め、コメを入れよくかき混ぜて、湯を加える。伝統的なパエリヤにはウサギやカタツムリ、現代風のものには甲殻類や鶏肉、野菜を使う。パエリヤは戸外の焚《た》き火《び》やグリルで、フタをせずにコメが水分を吸ってしまうまで炊き上げるのが伝統的調理法だ。汁気がなくなったら火を強め、ソカラを作る。これはパエリヤ鍋の底にはりついてカリカリになったおこげだ。現代風のパエリヤは、香草とコメをまず炒めてから、その他の具材と湯を加え、フタをしてオーブンに入れて炊き上げる。

コメには短粒、中粒のほか、長粒種がある。バスマティやジャスミンライスがこのタイプだ（正真正銘のバスマティとジャスミンは Basmati、Jasmine と頭文字を大文字にする。この場合、バスマティがインド、パキスタン、バングラデシュ産、ジャスミンがタイ産のものをいい、特定の地域で収穫した特定のコメだけにこの名を使用する。しかし、この地域産ではなく正確にはこの名は使えないものの、同じ種類の長粒種のコメもバスマティとジャスミンと呼んで、頭文字を小文字にして区別している）。

このコメは調理すると、もとの2倍から3倍の長さになり、くっつきにくい。水につけ、

ストリート・フード。タイの、バナナの葉にくるんだもち米。

にごりがとれるまで洗い、パスタのようにゆでるか、フタをした鍋やフライパンで、とろ火で煮るか蒸す。これは、コメだけを調理するときの手順だ。ピラフやビリヤニ、スープやオーブン料理の場合は、食事として出す前にコメ以外の具を加えるし、調理法も異なる。

たとえばピラフは、まずコメを油（本来はペルシャで珍重された脂尾羊《しびよう》のものを使用）で炒め、それから熱いスープストックや湯を足す。そしてほかの具材を、それぞれのタイミングで加えていく。鶏肉、レーズン、ひよこ豆を使うピラフは、最後に具材を同時に混ぜる。コメの中央をへこませてギー（澄ましバター）を注ぎ、水で練った小麦粉やふきんで鍋にフタをして、鍋の底にキツネ色のパリパリしたタフ・ディーグができるよう、弱火で蒸す。これはパエリヤのソカラとよく似たおこげだ。

また、ラム肉とコメを別々に味付け、調理し、ほとんど熱が通った状態で交互に重ねるのが、ビリヤニというコメ料理だ。これにも多くのバリエーションがある。中国では、パリパリのおこげのことをグオパ、朝鮮半島ではヌルンジ、セネガルではホイという。

◉コメの進化

コメの生産は、１９４０年代から１９７０年代にいたる緑の革命［高収量品種の開発や化学肥料の導入などで穀物の生産性を大幅に向上させた１９６０年代の取り組み」の恩恵を受けた。この農業における科学の発展は、農作物の収穫量を増し、病気への抵抗力を高めて、10億もの人々を飢餓から救ったといわれている。１９７０年にはノーマン・ボーローグ［緑の革命の指導者］が、農学者としてははじめてノーベル平和賞を授与されている。この受賞は、メキシコで、半矮性《はんわいせい》で草丈が低く、高収量の小麦とトウモロコシを開発した業績によるものだ。

この技術は、のちにアジアのコメと小麦の栽培にも用いられた。支援したのは国際稲研究所（ＩＲＲＩ）だ。この研究所は何千というコメの品種を保管し、またコメの収穫量増加と、害虫および植物病害発生を減少させるプロジェクトに資金を出している。そしてＩＲＲＩは、高収量のコメの品種を開発した。このプロジェクトは現在も続行中で、高収量と、より少ない水量による栽培の研究が進められている。

韓国は高収量の品種のコメに切り替え、最新の耕作手法を取り入れた結果、コメを自給できるようになった。インドは、水田にレーザー均平機《きんぺいき》を導入しはじめている。これは田をならし、畝《うね》を作るのにレーザーを用いる方法だ。人が地ならしするよりも労力を要せず、こうして作った水田は灌漑に必要な水も少なくてよい。

水田では、灌漑によって、少量ではあるが地球温暖化の一因となるメタンガスが発生する。また田畑は、（人による消費向けに植物を収穫するのではなく）バイオ燃料生産や遺伝子組み換え（GE）米のためにも使われている。これはよく議論される話題であり、コメの将来にもかかわる問題だ。一部の国では、伝統的な稲作に回帰してはいても、植えているのは新しく生み出された種子だ（インドネシアは1970年代からこうしている）。また過去10年のコメの収穫高は史上最高となったものの、コメの生産地が集まる沿岸地域は、気候変動の結果、浸水してしまっている。

在来種のコメ種子を守り、保存し、栽培することは、単一の農作物を栽培するモノカルチャーが生みだすことになる、特定の環境問題や病害に対する、ひとつの回避策となる。IRRIはコメのさまざまな品種の遺伝子バンクを維持し、モノカルチャーに対する予防手段にしようとしている。

科学の力でコメが進化することで、将来起こりうるほかの問題が解決する可能性もある。インド東部のカタックにある農業省中央稲研究所は、2010年にアミロースの含有量がごくわずかな品種アーゴニボラ（aghonibora）を開発した。アミロースが少ないと、調理に必要な水が少なくてすむという利点がある。このコメは、湯に30分浸すだけで食べることができる。また深水稲《ふかみずいね》も、現在の稲に代わる未来のコメとして研究中だ。気候変動によって世界の多くの地域が浸水に見舞われる可能性があるからだ。

ベトナムのクーロン・デルタ稲研究所は、栽培期間が短いうえに高収量を上げ、氾濫原《はんらんげん》［河川の堆積作用でできた平野で、洪水時に浸水する低地」であるメコン・デルタから離れた地域でも生育可能なコメを開発するために設立された。ベトナム最大のコメ生産地域であるメコン・デルタは、海面上昇によって消滅すると予測されている。アメリカ南部のアーカンソー州スタットガート（アーカンソー州はアメリカのコメ生産量の50パーセントを占める）にある稲研究・普及センターは、アメリカ産のコメが世界市場で競争力を維持するよう、また将来のために新しい品種を開発しようと研究を続けている。

持続可能な耕作法を研究し開発することで、従来からコメを主食としている人々も、これから生まれてくる人たちも、コメを食べ続けることが可能になるだろう。

第2章◉アジアから地中海沿岸へ

◉稲作の起源

およそ1万5000年前、植物を栽培する能力を身につけた一部の狩猟採集民族が、農耕共同体を作った。こうした共同体では、小麦、大麦、キビ、ソルガム（モロコシ）、コメなどが好んで栽培された。採集を担うのはおもに女性だったため、コメを最初に栽培したのは女性だったという説を唱える歴史家もいる。女性たちが魚を採る川べりでコメも育てていたというのだ。だが一部の歴史家は、本来、コメは高地作物だったという説を改めようとしない。自然や気候により、また人が利用し移住するにつれ、コメは水辺へと移動していったのだと主張している。

稲穂。ひと粒ひと粒のコメが見える。

コメは他の植物と同じく、森を開墾して植えられた。焼畑農業ともいわれる移動耕作は、今も東南アジアの高地の一部や西アフリカで行なわれている。だが灌漑の維持、管理が行なえるようになると収穫量は上がり、また収穫量を上げようとすることで多くの新しい技術や耕作法も生まれた。

たとえば、水面下に平らでしっかりとした土の層を作る「代《しろ》かき」もそうだ。こうすると、水が急速に流出しないし、地下の土壌構造を壊すのも防げる。しっかりとした地盤ができれば、小さな稲の苗も雑草に負けずに育つ。この方法は、かぎりのある水を有効に利用することにもなった。

苗は苗代《なわしろ》で発芽し、1〜6週間生長した後に、水を張った田に移植される。おそらく代かきはインドで生まれ、中国で改良されて普及した。そして今日も世界中で行なわれている。また、東南アジアとインド亜大陸の、暖かく湿気の多い地域では新しい品種が進化し、異なる地形に適応していった。川や河口のそばでは低地米が、比較的乾燥し、気温の低い平地や山の傾斜地では高地米が育った。氾濫原では、水位の上昇に耐える品種が生まれ、米粒が入る稲穂《いなほ》の部分がつねに水から出ているように進化した。

◉中国のコメの歴史

コメの歴史は、インド北東部のヒマラヤ山脈のふもとや、東南アジア、中国南部、インドネシアではじまった。そしてインドと中国で栽培化され、その後、稲作は朝鮮半島、日本、フィリピン、スリランカ、インドネシアに到達した。中国の揚子江渓谷南部や、タイのスピリット洞窟、インド北部のウッタルプラデシ州コルディワ、韓国のソロリでは、炭化した米粒が陶器にはりついているのを考古学者が発見している。炭化した米粒のそばには、貯蔵したコメを食べた甲虫の化石もみつかっている。

さかのぼれる最古の米粒は、1万5000年ほど前に栽培されていたものだ。そして中国では、もち米を粘度の高い粥にして石灰と砂に混ぜたものが、万里の長城に積む重さ10キ

ネパールの稲刈り鎌。稲を刈ったことを神々に気づかれないように、刃にカバーがついている。

ロのレンガをつなぐ石膏として使用された。

コメを食べるためには、煮るか蒸すのが一番手っ取り早い。米粒を水に浸しておくと、水を吸い上げてやわらかくなるので、調理中にかき混ぜても割れない。欠けた粒が多いときには、粥にする。あるいは、臼《うす》と杵《きね》（ぬかをとるときにも使う）で粉にすると、フラットブレッドや麺に使える。

食べ物を「くるむ」ライスペーパー（この場合のライスペーパーは、画家が用いるライスペーパーや、その他非食用のものとは異なる。食用のライスペーパーは米粉と水を使い、ときには生地に卵を加えているが、非食用のものは、刈り入れ後の田に残った藁で作ったものだ）は、とくに東南アジアと中国南西部で使われた。稲藁はバスケットやマットやサンダルを編むのに利用し、また燃料にもした。籾殻や米ぬか油は動物の餌になったが、今日では、米ぬか油が高級スーパーマーケットで調理用オイルやサラダのドレッシングとして売られている。

中国南部は6世紀頃から、中国の穀倉地帯となった。一方、中国北部は政治の中心として、国境を守り、覇権を維持する役割を持った。そしてコメは兵士を養い、飢餓を防いだ。コメをとろとろに煮たコンギーは当時も今もよく食べられていて、おもに小麦とキビを食べていた北部でさえもそうだった。コンギーは世界中にあり、韓国ではチュク、インドではカンジ、

腰を曲げて行なう作業。水田で働く人々。

日本ではお粥といわれている。

コンギーが生まれて1000年後の世界を見渡すと、イタリアにはリゾット、アメリカにはクリームオブライスがある。コンギーと大きな違いはないのだが、ただし、どちらもスープのようなコメ料理である点がコンギーとは異なる。これは、使用するコメと調理法、食事におけるコメの役割や、食べる人々が違うからだろう。だがライスプディングなら、コンギーを甘くして固めたものだといえるだろう。

宋時代（紀元960〜1279）に、現在のベトナムから、中国南部にチャンパ米が伝わった。この早稲《わせ》［早く成熟する品種の稲］で干ばつに強いコメは、栽培シーズンに2、3回収穫できるため、急速に普及した。稲作

水を張った雲南省の棚田。田植え前の風景。

の専門知識を身につけた農民は「農師」と呼ばれ、国から、新しい栽培法と技術を導入するよういわれた。こうした人々は読み書きもでき、村から村へと移動して国の方針を実行に移していく。チャンパ米のおかげで農家は十分な収穫を得て、地代と税を納めたあとも、1期目に加え、2期目の収穫も自分たちのもとに残せるようになった。一方国は、気候や高度や土壌の違いにも耐え、高収量を得られるコメの品種についての知識を与えて、農家を支援した。

コメ農家は、自分たちが保管し、植え付け、収穫し、食べ、貯蔵し、また取り引きする品種のコメについては、とても上手に栽培できるようになった。またコメ農家が優秀な稲の種子をとっておくようになると、コメの品種のかけあわせもごくふつうに行なわれた。この結果、稲作はますます広がった。より多くの土地が必要になると、人は開墾可能な土地を求めて移動した。モンゴル帝国［元《げん》］の宋征服後、マルコ・ポーロが紀元1271年から1295年にかけて中国を訪れたときには、キャセイ［マルコ・ポーロがヨーロッパに紹介した中国の呼び名］のフビライ・ハーンの宮殿で、コメから造った酒をふるまわれている。

中国皇帝とその宮廷の食卓でさえ、白米は長いあいだ贅沢品だったが、一説によると、中国で美食の習慣がはじまったのは、乾隆帝《けんりゅうてい》の統治期（1735〜1796）だという。宮廷の宴にはスープや魚料理、肉料理、野菜、麺類、菓子が並ぶようになった。料理の一部には白米も添えられていただろうが、コメの多くは調理の具材にすぎなかった。もち米を詰めたレンコンや、米粉の団子といった具合だ。

チョウという粥もあったが、これは食後にとるもので、消化を助けるためだったのだろう。胃もたれしたときに粥を食べることは当時一般的で（今もこれはおすすめだ）、宴での食べ過ぎはよくあることだったのだ。チョウには、臘八節《ろうはちせつ》（収穫祭）のときにだけ作る、果物やナッツ類、豆類を入れた粥もある。

2010年には、世界で生産されたコメが、世界の全消費カロリーの20パーセントをまかなった。その生産量の3分の1を占めるのが中国で、世界の耕作地のわずか7パーセントで世界の人口の25パーセントを養ったことになる。

国境を超えて取り引きされるコメは、世界のコメ生産量全体のわずか5～10パーセントにとどまり、その大半は生産国で消費される。このため気候や政争による価格変動が生じると、世界の市場に出まわるコメの量は大きな影響を受けてしまう。また都市化が進むにつれ、都市部へと移住してしまう熟練のコメ農家も増えている。現在、稲作では一定の割合で機械が役割を果たしているとはいえ、ベテランのコメ農家の減少は憂慮すべき問題だ。

◉アジアのコメ取り引き

中国の内外では、コメは運河を荷船で運ばれた。全長1776キロメートル、中国南部の杭州《こうしゅう》から北部の北京まで荷を移動させる大運河も、軍にコメを運ぶのに使われた。コメは、ロバやラクダの隊商とともに、さまざまな「絹」の道も伝わった。

私たちもよく耳にする有名なシルクロードは、中央アジアからペルシャ湾と地中海沿岸へといたる道だ。西南シルクロードは四川省を起点とし、今日のインド（最初はバーラト、のちにヒンダスタンといわれた）を横断して、中央アジアの王国バクトリア〔現在のイラン北東部、アフガニスタン、タジキスタン、ウズベキスタン、トルクメニスタンの一部〕にいたった。さらに海のシルクロードが、交州（現在のベトナム北部）や広州など、いくつかの港に通じていた。海のシルクロードは、マラッカ海峡を通ってインドシナ海沿岸をまわり、インド洋とペルシャ湾へと向かうルートだった。

もちろん、船はラクダよりも多くの荷を運ぶことができ、とくにスパイスや毛皮や陶磁器、織物といった贅沢品が船で運ばれた。しかしどの輸送法にも長所と短所があるため、あらゆる手段が使われたのだ。動物には餌をやり、世話をしなければならず、病気になる可能性もある。荷船は速度が非常に遅い。輸送船は卓越風（ある地域・地方で、ある期間にもっとも吹きやすい風）に左右され、嵐や海賊の襲撃で沈没することも少なくない。

コメはスズ（合金の材料や、有毒金属のメッキとして重宝された）や、アーモンド、木材、陶磁器、コヤスガイ、象牙、香、スパイスと取り引きされた。コメはまた通貨の代わりにもなった。コメ自体の取り引きを行なわないときでも、一定の重さのコメが、交換する品の価値を計る尺度に使用されたのだ。コメは、当時の経済の基準だった。航海中の船のバラスト［船体の安定を保つために搭載する、砂や水などの重量物］にも使われ、その船が港に着けば売られた。また古米は新米よりも味が増すと考えられたため、長旅にはあまり耐えない小麦などの穀物よりも高く売れた。

港や島は、コメ貿易の中継地点となった。左の地図は、マレーシアの中継地ムラカを中心とするもので、コメが頻繁に取り引きされていたことを示している。

ライスヌードル

ムラカ（マラッカ）海峡の貿易地図
（簡略図、1500年頃）

ライスヌードルは、アラブやインドの貿易商（イスラム商人）が、紀元13世紀にインドネシアやマレー半島に運んだと考えられている。そしてこの地のコメ料理は、仏教やヒンズー教、イスラム教の影響を受けた。食事の大半はコメ中心で、コメには肉や魚や野菜が添えられた。この形は当時も今もカレーとして供され、エビのペーストとタマリンドの果汁で作ったスパイスの効いた辛味調味料、サンバルを合わせる。そしてカレーと一緒に出すのはジャヴァニカ米（ジャワ産）であり、デザート類にはもち米を使用する。

17世紀には、中国がマレーシアの沿岸西部に貿易センターをおき、中国人移民がインドネシアに渡った。とはいえ、その何百年も前に、マラッカ海峡には倉庫やドック施設が建設されていた。この、守られた狭い水路があったおかげで、中国やインドやアラビア湾からの船が同じ場所に落ち合い、取り引きを行なうことができたのだ。

ここにやってくる男たちは、沿岸に住むマレー人やインドネシア人女性と結婚することも多かった。中国人とマレー人妻とのあいだに生まれた女性たちは親しみをこめて「ニョニャ」と呼ばれるようになり、中国料理にマレーシアの料理を取り入れた。中国料理のレシピや中華鍋を使った調理法と、マレーシアのスパイスや材料が混ざり合い、渾然一体となった料理が生まれたのだ。

マレーシアの料理は今も、マレー、中国、インド、ニョニャという、4つの文化を受け継いでいる。辛いチリと、醗酵させたエビのペーストなどのうまみ成分が濃厚な調味料は、コメの穏やかな味とココナツミルクの芳醇さがミックスされて、まろやかなものになった。マレーシアの人口の多くを占めるムスリムは豚肉を食べないが、中国人は食べる。そしてヒンズー教徒は牛肉を食べない。それでも彼らは、コメへの愛着でつながっている。

　イカン・ブリアニはコメと魚のスライスを重ねていく料理だが、この層を作る料理法は、アフガニスタンとインド北部におよんだムガール帝国の料理、ビリヤニの影響を受けているのではないかという説もある。タマネギ、ニンニク、ショウガ、コリアンダー、クミンで味付けした魚の切り身を、ギー、カルダモン、クローブ、シナモンなどのスパイスを効かせた長粒米と交互に重ねていき、熟れたトマトをきざんだものと濃厚なココナツミルクで仕上げる。この料理なら、ヒンズー教徒も仏教徒も、ムスリムであろうと食べられる。

　このほか、フィッシュ・カレーやビネガー・チキンなど、蒸した白米に、スパイスの効いた料理を添えるものもある。スマトラの料理と食文化に関する著書のあるスリ・オーウェンが書いているように、コメを主食とする国々では、白飯を供し、その横に料理を添えることが多い。

　ニョニャ料理にはデザートもある。プル・ヒタムは、黒もち米とジャガリー［ヤシ砂糖］、パンダンの葉、ココナツミルクで作り、熟したバナナのスライスと濃厚なココナツミルクを

マレーシアのライスプディング。ココナツミルクとローストしたカシューナッツ入り。

添える。コメはもち米を使い、つなぎの卵は入れないが、見た目はライスプディングとそっくりだ。ただし、欧米のライスプディングに使うのはもち米ではなく、ジャガリーとパンダンの葉とココナツミルクの代わりに、砂糖と牛乳（無調整のものかコンデンスミルク）を用いる。また熟したバナナとココナツミルクは、アメリカではレーズン、フランスでは砂糖漬けの果物とナッツ類、イタリアでは砂糖衣をかけたクリに代わる。

マレーシアでよく食べられる朝食にラクサがある。チリを入れたココナツミルクと、干しエビのペースト、鶏肉、レモングラスとコリアンダーを使った、ピリ辛のライスヌードルだ。ラクサとは、ペルシャ語で麺を意味する言葉だ。このことから、漢の時代（紀元前

206～紀元220）に、ペルシャ人が中国に麵の製法を持ちこんだと考えられている。

◉インドのコメの歴史

コメはアフガニスタンとインド北部で、少なくとも5000年前にそれぞれ別個に栽培化されたと思われる。そしてコメは西のインダス川渓谷と、南のインド半島へと広がった。ガンジス川流域でコメの栽培がはじまったのは、紀元前2500年頃のことだった。そして半遊牧の狩猟民と漁民が、中央アジアからのモンゴル人の侵攻を避けて移動を繰り返すうちに耕作地をみつけた。紀元前2000年頃、こうしたインド・アーリア人はコーカサス地方やペルシャ、ヒンズークシ山脈へと移動し、パンジャブ、デリー、アフガニスタンに定住した。

インドでは、コメの消費量は南部のほうが北部よりもずっと多いものの、インドのコメ栽培用の水の多くをまかなうのは、北部のパンジャブ地方の5つの川だ。コメと肉にクリームと果物とナッツを合わせたピラウには、ムガール帝国の影響がみられる。また、どちらも醱酵生地を使う（醱酵して酸っぱくなる過程で悪玉菌の働きを抑え、「賞味期限」がのびる）イドゥリとドーサや、コメとダル（豆のカレー）の組み合わせは、南にいくほどよく食べられる。

カシミール地方では、ピラフはクミン、クローブ、シナモン、カルダモンで調味する。ベンガル地方の味の「聖なる三位一体」は、魚、コメ、マスタードシード・オイルだ。ケイジャン料理［アメリカ南部ルイジアナ州の郷土料理］の「聖なる三位一体」がセロリ、グリーン・オニオン、ピーマンであり、フランス料理にはミルポワ（ニンジン、セロリ、タマネギ）があるのと同じだ。インド最南端のケララ州では、コメにカレーリーフとココナツの風味を合わせる。コメとマトン・カレーの組み合わせは、ムスリムの影響だ。

中世後期、ヨーロッパ諸国がアジアの植民地化を進めはじめた頃、コメはインド南部では「バティ」、北部では「パディ」といわれていた。どちらも、サンスクリット語でゆでたコメを意味する「バクタ」に由来する。農民は、高い収穫を得ようと、家族で小さな土地を耕した。コメの神々が農民たちに味方をした豊作の年には、収穫したコメで家族は十分に食べていけた（コメで地代を払うこともできた）。そしてコメがあまれば、将来に備えて貯蔵したり、取り引きにまわすこともできた。

コメは籾（籾殻にくるまれている状態）か白米でなら貯蔵も簡単だが、その中間の玄米の状態ではそうはいかない。ぬかと胚芽はどちらも脂肪分を含み、熱帯の気候ではこれが腐敗しやすいからだ。精米してぬかと胚芽を除去していくと、白いコメが現れる。ぬかはいく層

脱穀機。中国、雲南省。

にもなっているので、完璧に精米しないかぎりぬかの一部は残るが、少し残る程度なら白米として何年か貯蔵できる。長期間貯蔵したほうが、風味が増し、調理法が増えるコメもある。こうしたコメは、しっかりと乾燥していることで、よりふっくらと炊き上がる。

インディカ米はインド亜大陸と東南アジアから、スリランカとマレーシア、インドネシアおよび中国の揚子江以南に入っていったと考えられている。一方ジャヴァニカ米は、東南アジアでは高地米、インドネシアでは低地米となり、そこからフィリピン、台湾、日本へと広がっていった。

インドではライスフレークとパフラ

イスも生まれ、軽食や朝食や宗教儀式に使われた。フレークは、そのままでも、牛乳と砂糖をかけて（これはライスクリスピーと似た食べ方だが、こちらはパフを使用している）食べてもよい。パフは、チャートというスナックに使われることも多く、これにはさまざまな食べ方がある。

ベル・プリはインドやインド人の移住先の屋台でよく売られている軽食で、パフライスとジャガイモ、トマト、ミントチャツネ、ベスン粉［ひよこ豆の粉］をカリカリの糸状にしたもの、ピーナツ、レモンジュース、チリ、コリアンダーを使う。インドでは、コメ生産量の10パーセントがライスフレークやパフライスに使用されている。

●イスラム文化の影響

紀元前1000年頃、コメはインドからアフガニスタンとペルシャを経由して中東に広まった。紀元前500年頃にはアケメネス朝ペルシャがギリシアや北アフリカの一部、エジプト、リビアからインダス川にいたる地域を統合した。ペルシャのさまざまな文化は、イスラム教徒のアラブ人商人たちによって、イランとアフガニスタンを経由してインドにまで伝えられた。またイスラム商人たちは、北アフリカ、トルコ、ギリシアへと交易に向かい、

ペルシャのスルタンのためにコメをゆでている場面。インド料理の写本『ナシール・シャーの料理の書　*Ni'matnama-i Nasir al-Din Shah*』（1500年頃）より

ヴェネチアをはじめとするイタリアの港町や、のちにはスペインにまで足を運び、ペルシャの文化を広めたのだ。

北西アフリカのムーア人がヨーロッパ南部に侵攻して植民地化し、スペイン南部のシチリア地方や北アフリカにコメを伝えたのが10世紀のことだ。そして15世紀半ばには、イタリア北部で商業的なコメ生産がはじまっていた。イスラムの食の中心地はアッバース朝の首都バグダッド［現在のイラクの首都］だった。当時ここにはイスラム世界のさまざまな文化と料理が集まり、ここからイスラムの農耕や食材や食習慣がスペインへと渡っていった。そしてスペイン南部の都市コルドバは、イスラム文化と食の中心になった。

オリーブ、ライム、ケイパー、ナス、バラの花びら、それにアプリコット、アーティチョーク、イナゴ豆、サフラン、砂糖、ナツメ、かんきつ系の果物、ニンジン。豊富な食材が調理に使われ、大麦や魚からは、魚醤《ぎょしょう》［魚や小エビなどを塩漬けにして醱酵、熟成させて出た汁。調味料として使う］に似た調味料（ムリ）が作られた。さまざまなタイプのピラウ（ピラフ、ピラウ、プラオは、すべて同じものを指す言葉）には長粒のコメを使用した。短粒か中粒のコメを使うパエリヤは、ピラウの遠い親戚のようなものだろう。さらにコメは、果物や野菜や、ブドウの葉やソーセージの詰め物にもなった。

紀元前4世紀初頭には、アレクサンダー大王がインドからギリシアへとコメを持ちこんだ。

当時コメは高価な贅沢品であり、おもに医療目的に使われたが、ときには宴に出されることもあった。ギリシア人医師のガレンとアンティムスはどちらも、胃の調子が悪いときの食事に粥とヤギの乳を混ぜたものを推奨し、コメは十分に加熱しなければならないとしている。アンティムスがすすめる胸やけ用の粥の作り方を紹介しよう。

真水でコメをゆでる。ゆであがったら湯を捨て、ヤギの乳を加える。鍋を火にかけ、時間をかけてひとつの塊になるくらいまで煮る。この状態まで煮たら食べてよいが、冷ましたり、塩や油をかけたりしないこと。

紀元7世紀には、イスラム商人が地中海にアジアのコメをもたらした。イスラム教徒のアラブ人商人たちはそれまで何世紀にもわたり中国やその他のアジア諸国と交易する一方で、地中海文化に目を向けて取り引きを広げ、アジアの稲作をスペインやシチリア、イタリア、エジプト、シリアに根づかせた。エジプトではコメをナイル川沿いの土地に植えた。そしてナイル川を利用して灌漑と輸送を行なったエジプトは、コメ交易の中継港になる。

またローマやペルシャや中国、それにアラブ諸国で農耕に使った水車をひろめ、稲作はスペインのバレンシア地方やシチリア、それにイタリア北部のポー渓谷でも可能になった。ロ

スペインのノリア。現存する古代の水車。

ーマ人はノリアという巨大な水車を造った。水車の外周に水受け板や容器がついて、そこから大小の灌漑用水路に水を流したのだ。スペインでは8000あまりものノリアが建造された。こうした水車の遺構は、今もスペイン全土に見ることができる。

第3章 ◉ 大航海時代以後のコメ

◉レッドライス――アフリカの赤いコメ

アフリカイネ（学名 *Oryza glaberrima*）は何千年も、おもに西アフリカの沿岸諸国と、中央アフリカおよびマダガスカルで栽培されていた。赤い色をしたこのコメ（レッドライス）は、ニジェール川デルタ地帯の原産で、世界のコメはもとをたどれば、これとアジアイネ（学名 *Oryza sativa*）のふたつだ。

このアフリカ生まれの穀物は、アジアのコメとは異なる大きな特徴を持つ。20世紀後半まで、アフリカのコメがそれほど学術研究の対象とされてこなかったのは事実だ。カール・リンネ［スウェーデンの博物学者、生物学者、植物学者。現在の植物分類体系の基礎を作った］は、

マダガスカルのライスポット。戸外の炉にかけたアルミニウムの鍋だ。

リベリアの宴会用レードル。20世紀初頭。米粒をすくいつつ、動物の祖先に敬意をはらう。

植物の分類にアフリカのコメを含めなかった。また、アフリカにおける農耕の重要性に世界が目を向けようとしなかったことも、このコメの歴史研究に遅れが出た一因だ。だがこの30年で、アフリカのコメは新たな関心を集め、多くの調査研究が行なわれて情報が集まっている。アフリカとアジアのコメを比較してみることも、その役に立つだろう。

アフリカのコメが持つ、ある程度塩に強い性質は、海のそばで行なう灌漑には好都合だ。米粒は暗赤色で、アジアのコメよりも小さく、木の実に似た風味がする。実っても穂は垂れずにまっすぐ上に伸びつづけるので、熟れると穂が垂れてくるアジアのコメよりも刈り取りやすい。しかし、臼《うす》と杵《きね》を使うと、アジアの米粒よりも簡単に割れてしまう。コメを砕かずに脱穀したり籾摺《もみす》り［籾殻を取り除くこと］したりするためには、手際よく道具を使えるよう訓練することが必要だ。アフリカでは、コメはソルガムやキビやヤムイモ、オクラなどと並ぶ、主要作物のひとつだ。

コメと奴隷は、イギリス、ポルトガル、フランス、スペインの植民地に持ちこまれた。とくにガンビア、アンゴラ、ギニア、ギニアビサウ、シエラレオネ、セネガル南部、それにニジェール川デルタ地帯といった西アフリカの「ライス・コースト」［米作地帯］諸国出身のアフリカ人は、稲作技術を持つために需要が高かった。そして、イギリスと西アフリカ、西ヨーロッパ間では、コメの三角貿易が行なわれるようになった。

アフリカのコメが新世界［15世紀から17世紀半ばにかけてヨーロッパ人が新航路を開拓した「大航海時代」時代に（ヨーロッパ人が）発見した新大陸（南北アメリカ大陸、オーストラリア大陸）およびその周辺地域のこと］に植えられると、植民地のコメ産業の発展には欠かせないものとなった。やがて貿易向けにはアジアのコメに切り替えられてしまうが、新世界の「稲作」と料理の発展にアフリカがおよぼした影響は大きかった。

アジアのコメとアフリカのコメには、栽培や精米のプロセス、調理法にそれぞれ一長一短がある。20世紀後半には、このふたつのコメを交配したハイブリッド米が開発されてネリカ（NERICA, New Rice for Africa）と名付けられ、アフリカのコメの将来は明るくなった。このコメは高地でも育つのに加え、病害に強く、従来のコメよりも高収量だ。また、収穫までの期間も短く、これまでのコメが120～140日だったのに対し、このコメは90～100日程度しか要しない。

◉北米のコメ・プランテーション

カリブ海のバルバドスやジャマイカ、西インド諸島にサトウキビのプランテーションを所有するイギリス人貿易商は、サウスカロライナ［アメリカ南東部］の河川や沼、河川流域に広がる湿地帯や亜熱帯に似た気候が稲作に理想的だと判断した。ヨーロッパでは高品質の長粒米の需要が高く、貿易商たちはコメが利益を生むとふんだのだ。

1685年頃、医師で植物学者のヘンリー・ウッドワード博士が、港に一時停泊していた船の船長から、種籾《たねもみ》の袋を受け取ったといわれている。これが、アフリカの赤いコメ、オリザ・グラベリマだった。ほかにも、植民地の労働力として連れてこられた女性と子供の奴隷たちが、髪のなかに籾米を隠して持ちこんだという説がある。トマス・ジェファーソン［第3代アメリカ合衆国大統領］も、イタリアのコメをこの地域に持ちこんでいる。ジェファーソンは1787年に、政治家のエドワード・ラトリッジに手紙でこう説明している。

君が埋もれるくらい、大量のコメの種子を持って帰るつもりだったのだ。だが、籾米での輸送は禁止だと言い渡されたため、コートとフロック・コートのポケットに入るだけのコメしか持ち出せなかった。

イギリス人のプランテーション所有者たちは、ジョラ、ヨルバ、イボ、マンデ族の人々が稲作技術をもつことで名高く、種まきから水路やあぜ作り［あぜは水田と水田とのあいだに土を盛りあげて作った小さな堤。境界や通路ともなる］までこなすことを知った。もっとも、ポルトガル人は15世紀半ば頃から彼らの技術を知っていたから、こうした部族は奴隷の競りで最高値がつけられた。水を引くときに流されないように、湿らせた土地にコメの種子を埋め、鍬《くわ》を使い、苗を移植し、草を抜き、稲を刈り、たたいて脱穀する。奴隷たちは田で働き、サウスカロライナ植民地に「田のなかの工場」とでもいうようなコメ・プランテーションを作り上げた。

アフリカ人奴隷は稲作のすべてをたくみにこなした。プランテーションは、まるで現代の工場のようにスムーズに運営され、大きな収穫をあげることもできた。一部の奴隷は自分のコメ（1714年以降は、労働者が自分のためにコメを栽培することは違法となったが）や野菜や豆を育て、また鶏や豚を飼い、牧草を育てた。魚を採り、猟をする者さえいた。奴隷たちは、トウモロコシやチリなど、アメリカの先住民族の食材も取り入れた。月々の報酬は少量の塩や砂糖、豚肉のたいして食べられないような部位など、わずかなものだった。

残念なことに、アフリカ米の米粒は脱穀や籾摺りの際に割れやすいため、収穫量はさほど多くない。さらに、この作業がよく男性奴隷にまわされるのも災いした。こうした作業は女性の奴隷のほうが上手だったが、女性は家事につかされるほうが多かったのだ。

サウスカロライナのコメは、稲田が金色になる光景から「カロライナ・ゴールド」といわれた。ほかの長粒種よりも非常に高い価値があり、とくに白米は値が高く、ヨーロッパの農産物品評会では賞も取った。このコメは、植民地の台所で読まれたイギリスの料理書にも名前が出ている。

アメリカで出版された料理書ではじめてコメに触れているのが、エリザ・スミスの著書『主婦大全 *The Compleat Housewife*』（１７４２年）だ。ハンナ・グラースが書いた『簡単に作れる料理の技法 *The Art of Cookery, Made Plain and Easy*』（１７４７年）は18世紀のもっとも人気のある料理書となり、植民地の家事に大きな影響をおよぼした。この本にはプディングやピラフ、スープ、カレー、パンケーキのレシピも掲載され、そのどれもがコメを使用している。

コメ料理ホッピンジョンのレシピは、１８４７年刊行の『カロライナの主婦 *The Carolina*

Housewife』に登場する。著者のサラー・ラトリッジは社交界の著名人だった。そのラトリッジがホッピンジョンを取り上げることで、奴隷が作るものを「南部料理」として発展させる道が開かれた。

とはいえ、コメはだれもが気軽に語れる簡単な食材ではなかった。1861年刊行の、ビートン夫人の『家政術 *Book of Household Management*』でも、それがよくわかる。

コメの品種——私たちの市場にはさまざまな品種のコメが入ってきていますが、ベンガルからのものは、大半がカーゴライスと呼ばれています。これは、見かけは赤茶色ですが、甘みが強い大型の粒で、籾殻がついたままの状態で入ってきます。ベンガル地方ではこのコメが一番よく食べられています。またパトナライスはヨーロッパで高い評価を受けており、非常に高品質です。このコメは細長い粒で、色は真っ白です。カロライナのコメは最高品質だとされており、ロンドンでも同じように高く評価されています。

次のレシピは、J・M・サンダーソンが1864年に刊行した『完璧な料理 *The Complete Cook*』に掲載されたもので、調理にコメを使う点に、フランスとイギリス料理の影響が出はじめているのがわかる。おそらく、「ブラン・マンジェ」といわれた中世の「処方箋」

（療養食）からとったものだろう。ブラン・マンジェは、アーモンドを砕いて抽出した「ミルク」と、コメか米粉と砂糖を使い、さらに細かくきざんだ鶏肉とローズウォーターを加えたアラブ料理から生まれたものと思われる。このプディングには、調理法や名前に多くのバリエーションがある。

ライスカスタード——カロライナ産のコメ1カップと牛乳7カップを煮立て、とろみがつくまで熱してから、鍋を水につける。砂糖を加え、1オンスのアーモンド・パウダーを混ぜる。

女性奴隷のなかには、「大邸宅」の台所仕事につかされる人たちもいた。「女主人」はイギリスの料理書を声高に読み上げ、料理人たちに材料と調理法を覚えさせて、その料理を作らせようとした。こうしたレシピはヨーロッパ生まれのものだったが、実際の料理にはアフリカの食材と調理技術（たとえば焼くや揚げる）が使われていた。ヤムイモ、ナス、オクラ、黒目豆、キビ、葉野菜、スイカ、カボチャ、ゴマ、サツマイモ、コーラナッツ、ソルガムはすべて、アフリカ由来だ。

豚肉は、おいしい部位は地主とその家族が取ったが、奴隷も、豚の脚や頭、内臓、あばら

RICE CAKE.

1772. INGREDIENTS.—½ lb. of ground rice, ½ lb. of flour, ½ lb. of loaf sugar, 9 eggs, 20 drops of essence of lemon, or the rind of 1 lemon, ¼ lb. of butter.

Mode.—Separate the whites from the yolks of the eggs; whisk them both well, and add to the latter the butter beaten to a cream. Stir in the flour, rice, and lemon (if the rind is used, it must be very finely minced), and beat the mixture well; then add the whites of the eggs, beat the cake again for some time, put it into a buttered mould or tin, and bake it for nearly 1½ hour. It may be flavoured with essence of almonds, when this is preferred.

CAKE-MOULD.

Time.—Nearly 1½ hour. *Average cost,* 1s. 6d.

Seasonable at any time.

ライスケーキのレシピ。ビートン夫人の料理書より。

肉、塩漬け肉、ベーコンや腸を、調味料や食事のつけあわせに利用した。そしてその食事の多くには、主食となるコメがあった。アメリカ南部では今もこうした食材やレシピが、黒人家庭にとどまらず、白人家庭でも食生活に取り入れられている。

　はちみつ入りのライスケーキはムスリム伝統の料理で、プランテーションの主人の目を盗んで、ときおりこっそり作られたものだ。セネガル人とナイジェリア人奴隷にはムスリムが多く、豚肉を食べることを禁じられているため、彼らは干した牛肉を使った独自のホッピンジョンを作った。

　サウスカロライナ州とジョージア州沿岸地域やシー諸島出身の奴隷の子孫はガラやギーチーと呼ばれ、その食事は、いつもコメの上に料理

チャールストンで行なわれた船べりでの奴隷の競り。1780年代頃。

がのったものだった。ガラとは「夕食にコメを食べる人たち」という意味だ。そのときどきで、牡蠣やエビ、魚、豚肉、家禽が白米に添えられた。

西アフリカのシエラレオネのプラサ［葉野菜をゆでて炒めた料理］とコメとオクラスープの組み合わせによく似た、コメと葉野菜、コメとオクラもよく食べられた。レッドライスと、オクラや魚、トマト、トウガラシを使ったガンボ（バンツー諸語で「オクラ」を意味するンコンボに由来する）の組み合わせは、西アフリカのジョロフライスとよく似ている。ジョロフライスは「サウスカロライナの代表料理」といわれ、今もガラの食生活にはよくみられる。

◉成長するコメ産業

1690年には、コメは植民地における大きな商品作物となっていた。コメ産業の成長の速さは、カロライナのコメ文化がもつ大きな特徴だ。1700年には、60万ポンド（約270トン）あまりのコメがチャールストンの港を出て、イギリスと西インド諸島へと向かった。これが、1710年には150万ポンド（約680トン）、1740年には4300万ポンド（約1万9500トン）に増加した。コメが大量に運ばれたため、輸送船は海賊の標的となり、大西洋を横断中に襲われて沈められることもあった。だがイギリスの護衛戦艦の登場後はコメの輸出もそれ以前より安全になり、輸出量もさらに増えた。

1771年、およそ6000万ポンド（約2万7200トン）のコメがイギリスを経由し、税の徴収後にヨーロッパ諸国へと運ばれた。輸出量は1789年には8000万ポンド（約3万6300トン）に達し、コメによって莫大な富が築かれた。次に挙げるのは、1722年から1809年にかけての、コメ価格の上昇がわかる表だ。

1750年には、サウスカロライナの大農園主であるマキューン・ジョンストンが、潮の満ち干を利用して田に水を引く方法を開発し、利用可能な土地が広がった。また1767年にジョナサン・ルーカスが米搗き水車を作ると精米に必要な労力が減り、玄米

アメリカの米価　1722〜1809年

時期（年）	価格（セント／ポンド）
1722〜29	1.40
1730〜39	1.64
1740〜49	1.18
1750〜59	1.56
1760〜69	1.58
1770〜79	1.87
1780〜89	3.15
1790〜99	2.73
1800〜1809	3.81

の生産量も増加した。

南北戦争中に（1861〜65年）、プランテーションは大量に破壊された。しかしコメ産業はすでにアーカンソー、ルイジアナ、テキサス各州の大草原へと西進していた。そこには平原が広がり、作業を機械化することで生産コストが低下したからだ。一方、豚の腸（「チトリン」）やコラードグリーン［結球しないキャベツの仲間］、豚脚、粗挽きトウモロコシ、黒目豆やコメは、北進していた。逃亡奴隷や自由民になった奴隷が北部の都市へと移るときに持ちこんだのだ。

アフリカ系アメリカ人は、デトロイトやシカゴ、ニューヨークその他の都市で増加した。「ソ

ケープ・フィア・リバーのコメのプランテーションで作業するアフリカ系アメリカ人労働者。1866年の木版画、ノースカロライナ州。大半の奴隷は自由民となってプランテーションを去ったが、一部は雇われ、南北戦争後も残った。

ウル・フード」という言葉が、こうした人々の、生きていくうえで欠かせない食材と調理法を意味するものとしてはじめて活字になったのは、1964年のことだった。ソウル・フードには、民族の誇りと「魂」が宿っている。

稲作はサウスカロライナ州で80年ほど続いたものの、新しく稲作が盛んになった地帯にくらべると生産量は大きく劣り、1920年頃には途絶えてしまった。2000年になって、アンソン・ミルズ社がカロライナの在来米の収穫に成功し、現在はこれとは別の在来米を栽培している。サウスカロナイナ州チャールストンのカロライナ・ゴールド・ライス財団は、2011年2月に長粒種の香り米の栽培を発表した。現在、カロライナ・ゴールドとチャールストン・ゴールドを栽培中だ。

◉混ざり合う「食」

フランスとスペインがアメリカ南部のルイジアナの領土を争ううちに［16世紀前半にスペイン人探検家によってルイジアナの歴史がはじまり、その後フランスとスペインが交互に支配した］、ここではコメ料理が発展した。「クレオール」と「ケイジャン」という言葉は、ヨーロッパとカリブ海とアフリカの文化と料理が混ざり合って生まれた、人や食材や食生活を意味する。

ザリガニのガンボ。皿の左下にコメがのぞいている。

もとをたどれば、クレオールは、スペインの旧植民地でスペイン人の両親をもつ子供たちを指した。その後、ルイジアナのフランス人入植者と奴隷のあいだに生まれた子供もクレオールと呼ばれるようになる。一方ケイジャンは、イギリスが1755年にカナダの覇権を手に入れ、アカディア地域［現在のカナダの北東部沿岸州］から追放したフランス人入植者のことをいった。

アカディアの人々（ケイジャン）は南へと流れ着いて、多くはニューオリンズのバイユー［アメリカ南部の、水の流れがゆったりとした小川や湖、河口近くの、湿地帯のような土地］に上陸した。クレオール料理は一般にニューオリンズの富裕層のものだと思われている。一方で、ケイジャンが向かったバイユーはたどり着くにも骨が折れる土地で、人々は貧しく、食べ物はスパイスの効いたものが多かったため、ケイジャン料理が知られるようになったのは、クレオール料理よりも少しあとのことだった。

ガンボはケイジャンとクレオールのコメ料理だが、コメの役割はそれぞれ異なる。この料理の起源については、数える相手がケイジャンのときはケイジャンに、クレオールならクレオールになる(ガンボの起源と正しい具材への思い入れは強いのだ)。クレオールのガンボには小エビ、ソーセージ、鶏肉が入り、コメでスパイスがマイルドになるうえに、食事もずいぶん経済的になる。そしてケイジャンのガンボは、ザリガニ、カニ、それにおそらくリス、臓物ソーセージとホットペッパーをコメと合わせる。ガンボは、さまざまな風味がひとつに「融合した」料理で、ピラフやパエリヤによく似てはいるが、それよりもずっとスープに近い。

ルイジアナの代表料理には、「レッドビーンズ・アンド・ライス」もある。これは、ホッピンジョンが形を変えたものだ。ホッピンジョン自体が多数のバリエーションをもち、地方によってさまざまな種類がある。ジャマイカではアナトー[食用の着色に用いる実]を、ドミニカ共和国ではココナツミルクを加える。

ホッピンジョンは元日に食べるのが伝統だが、レッドビーンズ・アンド・ライスを食べるのは洗濯日だ[洗濯機のない時代、おもに月曜日に手洗いで大量の洗濯をした]。レッドビーン

ライス・アンド・ビーンズ。ホッピンジョンの高級タイプ。

ズを豚脚と一緒にことこと煮て、白米と食べたのだ。葉野菜を添えるのが一般的で、鍋底に野菜の煮汁がたまってできる香りのよい「ポットリッカー」も一緒に摂った。

ルイジアナ州に移住したイタリア人、ドイツ人、ユーゴスラビア人は、文化が交じり合ったクレオールやケイジャン料理に、さらに自分たちなりに手を加えた。イタリア北部出身のイタリア人は、スペイン人探検家のエルナンド・デ・ソト（1496頃～1542）が遠征した時代からルイジアナに移住していて、ドイツ人も、1718年のニューオリンズ設立時からこの地に来ていた。ドイツ人の多くは平地の多い北部へと移動し、小麦や、のちには稲作農家となった。

ドイツの影響はサラダに色濃く表れている。調味料にはドイツのホットポテト・サラダと同じものを使い、そして新世界の食材である、ベーコン、砂糖、リンゴ酢、セロリの種、きざんだパプリカ、ピーマン、タマネギを温かいご飯とあえ、上に固ゆで卵のスライスをのせる。白ブーダンは、ドイツの伝統と新世界の食材を組み合わせた、豚ひき肉、コメとスパイスのソーセージだ。ドイツの伝統的なソーセージ製法が、ルイジアナ州の農産物と味の好み、倹約の精神と結びついて生まれたひと品だ。

◉コメは西へ——巨大農場の時代

19世紀後半に、アーカンソー州でひとりの農夫が3エーカーの土地にコメを植えた。そこは平坦で、新しく入れた大型の機械（本来は小麦栽培用のもの）も十分に使える土地だった。精米と灌漑の技術もすぐに向上した。そしてアーカンソー州は、州歌でも「田が広がる」と歌うほどの、アメリカの「米びつ」に成長した。

アーカンソー州の入植者たちは、とれたコメをテキサス州やミズーリ州に幌馬車で運んだ。一方で、鉄道が発達したことで（1881年にルイジアナ・ウエスタン鉄道がテキサス州オレンジ郡とルイジアナ州ラファイエットをつないだ）、イリノイ州など中西部の州の小麦農家がアーカンソー、ルイジアナ、テキサス州の大平原に移住し、稲作をはじめた。そして１８８０年から１９１０年までのわずか30年で、政府の査定役人が農地としての価値はゼロだと宣告し、平原だけが広がっていた南部の州は、アメリカの稲作農業で最大の収穫量をあげる地域になったのである［アメリカ南部のアーカンソー、ルイジアナ、テキサス州は、コメの収穫量の大半を占める「ライスベルト」と呼ばれる地域に含まれる］。

そうなると、中西部の人々にコメをふっくらとおいしく料理する方法を覚えてもらう必要が出てきた。南部米生産者協会は、レシピ付きの普及啓発用パンフレットを発行している。１９２１年発行の「クレオール・マミー・ライス・レシピ」には、ガンボやジャンバラヤ、ライスカスタードのレシピが掲載されている。また、ポテトを愛するドイツやチェコ、スカンジナビア出身の人々に向け、コメの栄養価値を強く訴えている。「コメと豆」は「小麦と肉」より体によい、とアピールしたのだ。

現代のアメリカのコメ生産は、おもにアーカンソー、カリフォルニア、ルイジアナ、ミシシッピ、ミズーリ、テキサスの各州で行なわれている。コメの大半は長粒種で、アーカンソー州の生産量がもっとも多い。最近30年間で、この地域の生産量は６割増加している。２０１０年のアメリカのコメ生産量は、長粒種が８万３０００トン、中粒種が２万

6000トン、短粒種が1500トンにのぼった。

コメがほかの農作物よりも生育がよいことを発見したのは、サクラメント［カリフォルニア州北部の都市］付近の農家だった。1920年には、カリフォルニア州は商業用のコメ生産に本格的に進出しつつあった。そして現在では、レーザー均平機でならした畝《うね》に、飛行機で直接種や殺虫剤や肥料をまくといった方法も採られている。

カリフォルニア米の90パーセント近くは中粒種で、よく「カルローズ」［カリフォルニアのバラという意味］といわれる。寿司やパエリヤからアジア料理まで、あらゆるコメ料理に使われ、あっさりとして食べやすく、わずかに粘性があるコメだ。

カルローズ以外にも、栽培されたり輸入されたりしているコメは何種類もある。有機栽培の短粒種や長粒種、古い歴史を持つ「禁制のコメ」ブラックライス［紫米ともいう］や、バンブーグリーン・ライス、またブータンのレッドライスもある。有機栽培農家も、カリフォルニアのコメ産業で重要な役割を占めるようになっている。

1919年にコメ生産に使用された土地は100万エーカー。収穫高は1エーカーあたり、およそ1100ポンド［約500キロ。10アールあたりでは202キロ］。それが2010年には、作付面積は300万エーカー、1エーカーあたりの最大収穫高は6500ポンド［約3トン。10アールあたりでは約1200キロ］となった。1970年のコメ生産は価格にして

5億ドル。2010年には30億ドルまで増加した。生産されるコメは、国内用と輸出用が半々だ。

◉スペイン　ペルー　キューバ

1849年から1872年にかけて、10万人の中国人労働者が「クーリー」として、8年契約でキューバやペルーのスペイン植民地に渡った。彼らの大半は、プランテーションや沿岸部の農場で働き、またはメイドになった。1850年代半ば以降、ペルーとキューバが奴隷制を廃止したため、中国人クーリーが奴隷に代わって契約労働者として働いた。中国人労働者たちは、給料の一部にコメを要求した。

当初、コメはアジアから輸入されていたが、のちには沿岸部の河川沿いで栽培されるようになる。1870年代になると、脱走したり契約が切れたりしたクーリーがペルーのアマゾン川流域に移り住み、コメや豆類その他の農作物を持ちこんだ。20世紀半ばには中国系ペルー人たちがリマの中央市場周辺に住むようになり、バリオ・チノ（チャイナタウン）と呼ばれるようになった。今日の、チファといわれる中国料理レストランは、中国とペルーの料理が融合した証《あかし》だ。

キューバ人女性とコメの絵。ハバナのコンテンポラリー・アート。ナディア・ガルシア・ポラス、2010年。

キューバに中国人の第一陣が到着したのは1857年のことで、彼らはアフリカ人奴隷や先住民とともに働いた。中国人とアフリカ人が結婚する例も出てきて（スペイン人との結婚は禁じられていた）、最終的にキューバには12万5000人の「クーリー」がやってきた。アフリカと中国のコメ料理が交じり合い、ひとつになった料理もいくつか生まれた。

一方で、キューバと中国の料理が融合したものも、この地のバリオ・チノで生まれた。そしてここは、ラテン・アメリカ最大のチャイナタウンのひとつに育った。ハバナでは、中国南部で朝食によく摂るコンギーも、黒豆とコメで作るモロス・イ・クリスチアノス（「ムーア人とキリスト教徒」という意味の揶揄的な表現［黒豆をアフリカ系イスラム教徒のムーア人に見立てている］）も、どちらも食べられていた。そして1959年のキューバ革命後に大半の中国人がマイアミやニューヨークへと移ると、そこでもキューバと中国の合体料理が広まった。

◉メキシコ

メキシコには、１５２０年代に、スペイン人コンキスタドール〔とくに16世紀にアメリカ大陸を征服したスペイン人探検家の総称〕がベラクルス州にコメを持ちこんだ。メキシコ湾に近いこの地域は稲作に非常に適していた。ユカタン半島のカンペチェでは2期作も可能だった。コメは毎日の食事に取り入れられ、スペインで使われたサフランをトマトに替え、コメを油で炒めてからお湯や具材を加える料理がよく作られるようになった。

まずコメを油で炒めるやり方は、調理後も米粒がくっつかないようにするためには欠かせない手順になった。ここで使われるコメは中粒種で、いくらか粘性があったからだ。油で炒めてからお湯を加えるというスペイン（またはアラブ）の調理法は、宗主国が植民地を増やしていくのと一緒に広がっていった。メキシコでは、長粒種も短粒種も栽培された――太平洋を経由してアジアのコメが、スペイン経由でアフリカのコメが持ちこまれた――が、最終的にはアジアのコメが好まれ、短粒種がおもに栽培されるようになった。

コメと豆という伝統的な組み合わせは、すぐに現在私たちが知っているようなメキシコの

アロス・コン・ポロ

代表的料理になったわけではなかった。リック・ベイレス（料理人にしてメキシコ料理と食生活に関する歴史家）によると、コメはすでに一般的になっていた料理と組み合わされるようになってから、よく使われはじめたのだという。

中粒種や長粒種で作るソパ・セカは乾いたコメ料理という意味で、調理用の液体をコメに吸わせてしまう。メキシコ湾最大の都市ベラクルスのコメと魚介の料理も同じように調理する。ソパ・アグアダは「水っぽいスープ」という意味だが、シチューや濃いスープのような料理だ。甘いものが好きな人には、メキシコ風ライスプディング、アロス・コン・レチェがおすすめだ。暑い日に冷たいものが欲しければ、オルチャタがある。水を吸わせて挽いたコメを裏濾しして、アーモンドやシナモンで風味付けした冷たい飲み物だ。

オルチャタ。冷たくてさわやか。暑い日に飲むのにぴったりだ。

◉ポルトガルとブラジル

ブラジルの稲作は、東岸のバイア州ではじまった。1530年に、オランダ船が西アフリカのセネガル沖にあるカーボ・ヴェルデ諸島を経由し、奴隷を乗せてブラジルへとやってきたときのことだ。南米北東部のスリナムからギアナのカイエンヌへと、女性と子供の奴隷たちがコメの種子を髪のなかに隠して持ちこんだという話はいまや伝説になっている。アフリカのコメは、ブラジル行きの船に乗った奴隷の食糧になった。1550年にはアフリカのコメがリオデジャネイロで売られ、1618年になると、ブラジルのサトウキビプランテーションで働くアフリカ人奴隷向けの主要作物になっていた。

17世紀にはポルトガルとオランダがブラジルの支配権をめぐって争い、プランテーションが発達するにつれ、アフリカからブラジルにやってくる奴隷の数も増えた。1776年にはアジアのコメが持ちこまれ、輸出用に栽培されはじめた。1781年になると、ポルトガルで消費されるコメはすべてブラジル産のものになっていた。1822年のブラジルの独立宣言以後もコメの生産は従来どおり続けられ、コメはブラジルの食事の中心を占めるようになった。

その後も都市部の拡大とともに、コメの消費量はのびていった。ブラジルの国民食フェジョアーダ・コンプレタに、豆、燻製《くんせい》や焼いた肉、ケール、オレンジのスライス、炒めたマニオク（キャッサバ）の粉、それにコメが使われているのも、コメの消費を促進する一因だろう（マニオクはブラジルの主食だが、近年では消費量が減少している）。

一方、何十万という逃亡奴隷たちが、マラニャン州の深い熱帯雨林にキロンボという集落を築いた。奴隷たちはここでコメやマニオク、バナナを育て、魚を捕り、動物を狩った。1888年にブラジルで奴隷制度が廃止されると、奴隷の一部は都市部へと向かったが、キロンボを作った人々の子孫は今もこの地でコメの栽培を続けている。

19世紀後半にラテン・アメリカ諸国の奴隷制度が正式に廃止されると、植民地の大規模農

コスタリカのライス・タマーレ

園であるアシエンダ［ラテン・アメリカのスペイン植民地における伝統的な大農園］やプランテーション、また鉄道建設に、新しい労働力が必要とされた。そして、中国人や日本人、インド東部出身の、おもに男性労働者の移民団が、アジアからラテン・アメリカ諸国へと向かった。日本人はペルーとブラジルに、インド人は英領西インド諸島に落ち着いた。厖大な数の中国人がブラジル、ペルー、キューバ、メキシコに住み着き、地元の女性と結婚して中国料理に地元の伝統料理を取り入れた。

「ギニア」（アフリカ）米は、15世紀末、ポルトガル人によってヨーロッパに輸入された。しかし16世紀以降、ポルトガルなど西ヨーロッパ地域では、商工業の発達や大都市の出現、人口増加により食糧不足が生じており、これを補うのにギニア米だけでは追いつかず、もっと多くのコメが必要だった。そして1730年代になると、ポルトガルはイタリアとサウスカロライナからコメを輸入するようになった。ヨーロッパのカトリック教国におけるコメ需要の増加に対応するもので、このコメは多くの場合、聖日（毎年、100日は聖日がある）用の魚に添えるためのものだった。その頃、ヨーロッパでは穀類の不足が続き、輸入量が増えていた。

この問題を解消するために注目されたのが、ブラジル米だった。また少しあとにはアジア米も、輸出用にブラジルで栽培されている。アフリカでは、ポルトガル人貿易商がコメをいったん上ギニア［ギニア地域（アフリカ大陸西部、大西洋岸中部一帯）の北西域。現在のコートジボワールやセネガルなどが含まれる］沿岸に集めてから輸出した（「ギニア米」というのはこのためだ）。

ところで、アフリカのコメは、アジア起源だと考えられていた（リンネでさえこう認識していた）。だが20世紀にみつかった植物学上の証拠から、アフリカ米は少なくとも4500年前、ヨーロッパ人が「暗黒大陸」に乗り出すずっと以前に栽培されていたことが確認されている。ヨーロッパが西アフリカとアメリカ大陸にコメ文化を持ちこんだのだという、ヨーロッパを中心においた見方があるが、アフリカのレッドライスはフランス領西アフリカで生育する、独立した種だったのである。

1776年に、ブラジルに送るためのコメ、「カロライナ・ホワイト」がポルトガルに到着したときにも、アフリカ米を起源とするイタリア米が、栽培用としてすでにブラジルに送られていた。付け加えれば、この当時、籾殻の除去には脱穀機を使っていたが、精米機が不足しており、1774年までは原始的な米搗き臼と杵も使用されていたという。コメの大敵——鳥は、ある種の種子を別の品種の稲田に落とすこともあった。こうして、アフリカイネとアジアイネを分けて育てることは非常に難しくなっていったが、結局アフリカ米は追いやられ、アジア米にとって代わられてしまった。

●イギリスとインド

イギリスは17世紀初頭にインドでの貿易をはじめ、イギリスのインド統治（ラージ）時代（1858〜1947年）にそれが全盛期を迎えた。そしてイギリスとインドの料理が混ざり合ったものはおもにイギリスへと向かい、インド人の移住によってこれに拍車がかかった。コメも、イギリスに帰国するイギリス人役人やイギリスに留まるインド人船乗りが持ちこみはじめていた。インド料理のレストランや持ち帰りの店ができ、さらにインド人の加工食品製造業者が登場して手軽に利用できるようになると、イギリスのインド料理はあらゆるところにみられるようになった。

19世紀半ば以降、コメはイギリスで課税され、ここを経由してヨーロッパ各地の港へと向かった。そして南北戦争でイギリスの旧植民地のコメ輸出が中断されると、アジアのコメの重要性は増した。さらに、ヨーロッパ各地で革命が起きたことでもコメの需要が高まった。また、イギリスにはインド人移民が食べるコメも必要だった。イギリスへの移民の流入は続き、現在では、中国や東南アジア、アフリカ系カリブ人の移民が増えている。

19世紀初頭には、インド駐在の軍将校や役人が自らをアングロ・インディアンというようになった。「ネイボブ」とは、イギリスのインド統治時代にインドに駐在し、1947年のインド独立後に帰国したイギリス人成金のことだ。ネイボブたちは、よくインド人の料理人を連れ帰った。また、インド人の船乗りのなかでもバングラデシュ出身の料理人たちは、20世紀初頭にイギリスにやってきて、小さなレストランを開いた。カレーハウスにパブ、そしてヴェラスワミー。インド料理のイギリス版があちこちに登場し、アングロ・インディアンのエドワード・パーマーが1926年に出したインド料理レストラン、ヴェラスワミーは、今も絶大な人気を誇る。

こうした料理はインドで食べられているものとそっくり同じとはいえなかったが、コメは

アングロ・インディアンの朝食風景。インド人とアングロ・インディアンのマナーや習慣を紹介するヴィクトリア朝期の印刷物。コメと魚料理が見える。

ピラフ

インドと同じくよく使われ、「カレーライス」は一番人気の料理となった。イギリスの「カレーライス」には、味付けしない白飯を添えるのがふつうだ。香りのよいピラフやビリヤニ、カルダモン風味のライスプディングや、サフランライスを付けたカバブ。こうした料理もアングロ・インディアンが持ちこんだものだ。

本来はインド人移民向けのものだったインド料理レストランは、すぐに、インド統治時代を懐かしむイギリスの人々をひきつけた。そしてインド風の味を求める声が高まるにつれ、インド料理に「よく似た」メニューが、インド料理として供されるようになった。

イギリス発祥のチキンティッカ・マサラは、この一番有名な例だろう。

今では、チャツネやピクルス、カレー粉を混ぜたものや、ティッカ・マサラやヴィンダルーなど調理済みのソースを容器に入れたものが、スーパーマーケットやデパートで売られている。コメは、パトナライスからベンガル、バスマティにいたるまで、簡単に手に入る。それに、冷凍庫に入れておけるファストフードやレトルト、電子レンジ用食品は数えきれないほどあって、温かいご飯にスプーンでかけるだけで食べられる。

イギリスでインド料理が大きな人気を得ていることは、イギリス人が「インド料理」を大好きだから、というだけで説明できるものではない。すでに中世からスパイスを使用する伝統が（少なくとも富裕層には）あったことが、イギリスで強い香味料がすんなりと受け入れられたことの一因でもあるだろう。とはいえこの説にも議論の余地はある。イギリスのインド料理レストランは第二次世界大戦後に爆発的に増加したが、これは、1950年代にようやく配給制が終わったことを受けてのものかもしれないからだ。

インド料理の小さなレストランは、移民がイギリス社会に同化するまでのよりどころともなった。コリーン・テイラー・センの『カレーの歴史』（竹田円訳。原書房。2013年）には、「カレーと呼ぶに値するのは18世紀後半に英国領インドの台所で作り出されたものだけ」、という〝カレー純粋主義者〟の主張が紹介されている。では、カレーライスのライスは？

インドの糖蜜かけパフライス。アメリカのスナック、ライスクリスピー・トリーツの原型ともいえる。

あまり触れられることはないが、皿に盛った、ほかほかの白いご飯のひと粒ひと粒が、イギリスにおいて、アングロ・インディアン文化が広く認知されるのに貢献したのは間違いないだろう。

イギリスとインドの料理文化が作用し合ったことがよくわかるのが、ケジャリーだ。このコメとレンズ豆の料理はヒンディー語ではキッチリーというが、毎日何百万ものインド人が食べているものだ。イギリスでは下層階級の食事だとみなされていたが、燻製の魚と固ゆで卵を加えると、もっと上の層の料理へと「格上げ」された。昔は中流階級の人々が、動物性たんぱく質を口にしたいと思っていたことの表れだ。これは今も、イギリスでは優雅なランチとして供されている。

◉オランダとインドネシア

15世紀半ばから、オランダとポルトガルがマルク諸島（古くは香料諸島。モルッカ諸島ともいわれる）とその他のインドネシア諸島、スリランカの覇権をめぐって争った。マルク諸島はコショウ、ナツメグ、クローブ、メースやショウガの貿易を行なっており、こうしたスパイスはどれも大きな利益を生んだ。貿易をより有利に行なうためにオランダ東インド会社が1602年に設立されると、オランダの影響力は強大になった。

インドでのイギリス人と同じく、ここでも入植者が植民地の人々と距離をおこうとしたことが食事から明らかになっている。マルク諸島先住民の標準的な食事はコメと野菜とスープで、オランダが強い存在感を示すジャワ島ではとくにこうした食事が摂られていた。一方オランダ人は、豪勢なコメの食事、ライスターフェルを「作り出した」。この地での食生活をヨーロッパ化しようとして（あるいは「洗練」させようとして）、調理したものや生のもの、ソース類、調味料、揚げバナナなどがのった小皿をテーブルいっぱいに並べたのだ。ライスターフェルは人の地位を表す手段となり、日曜日に摂る食事として根づいた。

とはいえライスターフェルは、インドネシアの食習慣とそれほどかかわりがあるわけではない。オランダ人にとっては、つけ合わせが多い点が重要だった。料理の皿の多さは入植者としての地位の高さを表すからだ。そしてコメの役割は、食事の友や口直しといったものでしかなかった。今日、オランダではライスターフェルのレストランをよくみかけ、オランダ人にもオランダ在住のインドネシア人にも人気がある。しかし、インドネシアに住むインドネシア人がライスターフェルを調理したり食べたりすることは、一般的ではない。

第4章◉変化するコメの食べ方

コメはひとつだが、食べ方は沢山ある。
――スワヒリ語のことわざ

2050年には世界の人口は90億に達し、その70パーセントが都市部に集中すると思われる。都市化によって、人がコメを得、食べる手段も変わる。そしてこうした流れに合わせ、コメの供給と消費習慣も変化している。自宅であれ職場であれ、フードコート、または企業のカフェテリアやレストランであれ、コメと消費者というテーマでは利便性がカギとなる。そして増加する中流階級が動物性たんぱく質を好み、でんぷん質の主食の消費を減らす一方で、スーパーマーケットの棚には、手頃な値段のコメがどんどん増えている。

巨大スーパーにも街のボデガ［スペイン語圏で、食料雑貨やワインを売る店］にも、缶詰や袋入り、箱入り、冷蔵または冷凍食品、電子レンジ調理食品まで、コメの加工品はあふれている。白米にブラックライスにワイルドライス（オリザ *Oryza* の遺伝子をもたず、半草のジザニア・アクアティカ *Zizania aquatical* であって、正確にはコメではない）。コメの半加工食品があれば、都市部の消費者は調理の手間を省けて大変便利だ。本章ではおもにアメリカのコメ消費を取り上げるが、どのコメ製品も、アメリカよりも古い歴史を持つ遠く離れた文化から生まれたものであり、もともとは素朴な調理法であったこと、またアメリカ以外でも世界で広くみられる点を忘れてはならない。

アメリカ米のマーケティング団体、ライスカウンシルの広告。「あの人は思いがけないことが好き……だから私はコメを出します」。1970年代。性さえも、コメの宣伝に利用される。

◉移民がおよぼす影響

タマネギ、ペッパー、トマトが入った（この他の具材については議論の余地がある）「スパニッシュ・ライス」は、19世紀後半のアメリカの拡大期に広まった料理だ。この時期には、テキサス州、カリフォルニア州および南西部が併合、占領、あるいは購入され、その地に住むメキシコ人は、意思の有無を問わず「アメリカ人」になった。そしてこの当時、メキシコ人の食事にはすでにコメが使われていたのだ。1520年代に、スペイン人とともにメキシコに入ってきていたからだ（スペイン人は太平洋経由でフィリピンからもコメを持ちこんだ）。現在では、箱入りの「スパニッシュ・ライス」も売られている。

イタリア人移民がアメリカに多数定着したのは、20世紀初頭だった。イタリア人家庭や、のちにはレストランでも非常によく作られたリゾットは、今では加工食品として売られている。現在アメリカでは、アルボリオ米［イタリア、アルボリオ原産のコメ］も、カリフォルニア、ミズーリ、アーカンソーの各州で栽培されている。

私は最近、フェットチーネ・アルフレドに味をしめ、箱入りのリゾット・アルフレドを買ってみた。カリフォルニア産の有機アルボリオ米を使用し、調理法は手早く簡単で、バターと牛乳を用意するだけだ。コメ、パルメザンチーズ、塩、粉乳、香料、スパイス、オイルといったほかの具材は箱に入っている。調理時間は20分ほどで、伝統的なリゾットの半分もかからない。価格も4人分で3・49ドルだ。

アメリカのアジア系移民は、2020年には2000万人に達するだろう。近年では、香港、台湾、マレーシア、中国の福建省、フィリピンおよび南アジア出身が多い。移民の子孫がアメリカの食事に順応し、ファストフードの消費も増える一方で、家庭ではコメはいまだに伝統的な方法でよく調理され、とくに週末の行事や祝い事や祭りで食べられている。そしてアメリカ文化への同化の過程で祖国の伝統からはずれてしまうこともあるため、双方をうまく組み合わせた価値観も生まれている。

「調理済み食品」にアジア系移民向けのものが加わることで、スーパーの棚の品ぞろえには新たな変化が生じている。レモングラスとライスヌードル・スープ、もち米を使った寿司の包み。どちらも、現在調理済み食品として売られているものだ。こうした食品はアメリカ全土にあり、とくにカリフォルニア州、ニューヨーク州、テキサス州など、アジア系移民が突出して多い州では豊富だ。

◉輸送とランチ

1850年代には、列車やトラックの発達により品物の輸送は以前にくらべ速く、料金も低くなっていた。冷蔵輸送によって、半調理食品を製造地から販売地へと運ぶことも可能になった。冷蔵設備をもつ航空機やコンテナ船が輸送手段として登場すると、温度管理を行なって調理済み食品の鮮度と安全性を維持する「チル・チェーン」が生まれ、工場で作ったコメ料理を店の冷蔵ケースまで運んだ。この結果、調理済み食品の賞味期限は長くなった。また冷凍食品の品質もよくなり、スーパーマーケットには、温めるだけで食べられる、まったく手のかからない食事も並んでいる。

世界のコメの半分は都市部に輸送されている。工場や加工施設は、生産国と消費国の中間地点におかれている場合が多い。今コメ工場がある場所が以前は水田だったということもある。コメは生存のための主食から、買い物客の好みや、風味、健康、価値や利便性を求める声に応じる加工食品へと変化している。さらに、アメリカのコメの40パーセントはビールの生産に使用されている。酒、味噌、酢もコメを醱酵させて作る食品だ。

ニューヨークの自宅近くのスーパーマーケットで、私は最近ティルダのタイ・ジャスミンライスを購入した。このコメはタイで収穫され、イギリスで精米、梱包され、アメリカその他の国々で売られている。補助金や国際貿易協定に関する問題はあるが、現代の貿易協定は、こうした国境を越えた生産・流通を推し進めている。輸出国に現金をもたらすからだ。コメの価格が低いときは、価格が上昇するまで貯蔵しておくこともある。タイは主要なコメ輸出国のひとつで、とくに価値の高いジャスミンライスの輸出量が多い。そしてタイ政府もアメリカ政府も、イギリス政府が植民地時代に行なっていたように、輸入米には課税しているのである。

労働者の食生活も変化している。毎日家に帰って昼食をとることはせず、職場にもっていくか、多くは買って食べる。アルミの弁当箱や環境にやさしい紙容器、発泡スチロール容器、中華料理のテイクアウト容器。こうした容器のおかげで、昼食に食べる食品の品質や温度は、簡単に維持できるようになった。寿司や冷製のライスサラダもどこにでもあるし、使い捨ての弁当箱で売られていることもある。職場の多くには電子レンジがあって、自宅から持ってきた弁当や、通りのハラール［イスラム法において合法なもの。おもに食物を指す］やデシ［インド亜大陸、南アジアと結びつく人々や文化、製品など］の屋台や、フード・トラック、スーパーマーケットの調理食品コーナー、企業内のカフェテリアやレストランで買ったランチを、調理したり温めなおしたりできる。

デリバリーもごくふつうだ。ロサンゼルスでもトロントでもロンドンでも、ティファンに入った「弁当」が、インド人のソフトウェア・エンジニアたちに配達されている。アングロ・インディアンがティファンと呼んだ、この積み重ねるタイプの金属製ランチボックスには、コメとレンズ豆のカレーが入っているのが一般的だ。インドの都市と同じように毎日配達され、弁当を注文した人は、配達時に前日の容器を返却する。容器をリサイクルする必要もない。これはヒットするのではないだろうか。

◉技術革新

フランスの化学者アペールは缶詰の原理を発明した。そして19世紀にナポレオンが主催した、戦場への安全で長持ちする食品輸送手段のコンテストで優勝している。第一次世界大戦時のアメリカ軍では、缶詰の調理米が、とくにスープや牛ひき肉の料理に加えて食べられていた。

19世紀末までは缶に使用するブリキは食品に関するものよりも軍事目的に必要とされたため、コメなどの食品保存には別の方法を開発する必要があった。そして1879年に、ロバート・ゲアが開発した折り畳み式のダンボール箱が登場した。この箱には、中身が湿らず、鮮度を保ったまま長持ちさせることができ、容量もあるうえに軽いという利点があった。また箱のデザインや広告も買い物客たちをひきつけた。

冷蔵技術の革新も、消費者が購入できる食品の選択肢を増やした。無菌パックと真空包装のパウチも生まれ、加工済みコメ製品の食感と風味は向上する一方となった。滅菌など食品の安全性確保のための処理技術は、大量消費市場向けの食品をスーパーマーケットにおくのはもちろん、加熱材［水を加えると化学反応を起こして発熱する］入りのパウチ食品を、軍の携帯食に用いる道を開いた。学校や病院や刑務所も、パックや缶詰、冷凍食品や電子レンジ用のコメ製品を利用している。そしてこの変化がよくわかるのが、アメリカ陸軍のマニュアルだ。１９０６年版では缶詰のコメを使用しているが、２００６年版では、個人用調理済み食品としてメキシカンライスやチャーハン、サンタフェスタイル・ライスのパウチが掲載されている。

ロカヴォア［地元産の食品を食べる人の意味］運動が地産地消を訴えるにもかかわらず、私たちは利便性と価格の安さにひかれ、地元で採れたものより、他国で栽培され輸送されてきたものを消費するという行動をとるようになってきている。コメとコメを使用した食品は、今ではオンラインで注文して世界中に配送することが可能だ。

こうした行動は経済発展国特有のものだと思いがちだが、アジアや南アメリカ、南アフリカの都市化する地域でも、同じ傾向がみられるようになっている。「必要な材料がすべて入った」コメ製品のパッケージで日々の生活には手がかからなくなり、便利さを求める風潮は最近の移民たちのあいだにも広がっており、いまや調理に手をかけるのは、週末や祝日、お祭りのときだけ、という人たちさえいる。

冷凍のコメ料理が、昔からコメを伝統的調理法で食べてきた国々で製造されていても驚きではない。市場競争社会では、タイのような国でさえ、アメリカ向けに調理済み冷凍食品の販売を検討するのである。イギリスでも、インドのスーパーマーケット向けに、チキンティッカ・マサラはじめ、冷凍のインド料理（のイギリス版）を輸出する計画がある。このように、伝統的な輸出食品に新しい技術による「価値が加わる」ことで、調理済みのコメ料理が世界各地に広がり、世界のどこにいようと食卓にのせることができるようになった。

◉ライスクリスピー

２００６年、アメリカ人の食費は収入の13パーセントだったが、そのうちの40パーセント超が外食に使われている（アフリカとアジアの家庭では、食費の15〜50パーセントを屋台や外食に使っている）。また、都市化が拡大するにつれ、調理済み食品や温めて食べる食品の必要性はますます高まっている。ミニ・キッチンや、１階にひとつの共同キッチン（オレゴン州ポートランドにある）、あるいはキッチンがない（香港やバンコクでみられる）ような、新しいタイプの小規模アパートが増えているのだ。ホットプレートや電子レンジは、完全調理済みの食品を温めるための道具となった。そしてコメは、こうした変化の中心にある。

かつては野菜や缶詰、漬物や塩漬け肉や乾燥肉や魚、果物など、冬を生き抜くために必要な食品は「貯蔵室」に保存した。そして都市化が進むと「貯蔵室」は姿を消したが、「貯蔵」するものは新たに出てきた。貯蔵室に収める食品の大半は、過去には狩猟や採集したものだったが、現在では購入したものだ。だが、郊外の家が大型のキッチンと便利なパック食品や冷凍食品を貯蔵するのに絶好の広い収納スペースを持つ一方で、こうした食品を利用することの多い都市部の標準的アパートには、小さなキッチンとわずかな収納スペースしかないのが実情だ。

第二次世界大戦後には、女性がこれまでになく職場に進出した。1948年から1985年にかけて、女性の労働力は全労働人口の29パーセントから45パーセントに増加した。この時期のスーパーマーケットでは、おもに女性向けの食品を提供し、コメの調理時間の短さと手軽さをうたうマーケティング戦略が増えた。女性が職場から帰宅後に調理する時間はあまりなかったからだ。

1904年のセントルイス万国博覧会では、ポン菓子が「大砲から発射」され、はじめ

クエーカー・オーツ社のパフライス。朝食に人気のシリアルだ。

パフライスのシリアル。食べ方はお好みで。

て世界に紹介された。このパフォーマンスをやってのけたのは、植物学者でシリアルの開発者でもあったアレクサンダー・ピアース・アンダーソンだ。アンダーソンは、米粒に圧をかけながら加熱し、圧力を一気に解放させると、米粒内の水分が急激に気化して水蒸気爆発をすることを発見した。そして1927年には、アメリカではじめてパフライス（ポン菓子）を使った商業用製品が作られ、「ライスクリスピー」が売り出された。子供をターゲットにした初期のラジオコマーシャルでは、このシリアルのボールにミルクを注ぐと「ポン、パチパチ」と音がして歯ごたえのよさは続く、とアピールした。

もちろん、パフライスはライスクリスピーが登場するずっと以前からインドで作られ、さまざまな軽食の材料に使われていた。たとえば、カレーリーフや塩、砂糖、ターメリック、カレー・ペースト、ニンニクで味付けし、こんがりローストしたマムラがある。ポハ・チウダは、パフライスやライスフレークに、フェンネル、ゴマ、塩、砂糖、オイル、ニンニクで味付けしたものだ。

1941年には、溶かしたマシュマロとバターで作る、ライスクリスピー・トリーツというデザート（軽食）が発売されて人気が出た。今では、調理済みのライスクリスピー・トリーツを個別包装した商品が、新聞販売のスタンドやスーパーマーケットで売られている。このタイプの市販品は、アメリカ軍で一番人気の軽食のひとつだ。ライスクリスピー・トリーツは、イギリス、ヨーロッパ、カナダ、オーストラリアでも販売されている。

◉拡大する加工・調理済みコメ市場

1942年に、ドイツ人化学者のエリック・ヒューゼンローブが、コメのパーボイル加工技術の使用許可をゴードン・ハーウェルに与えた。そしてハーウェルは、「アンクルベンズ・プランテーション・ライス」を販売した。パーボイル加工とは、精米前に米粒を加熱し、ぬかの栄養分の80パーセントを米粒のなかへ移行させるものだ。こうすることで、白米の栄養価が高くなる。アメリカ軍はハーウェルの得意先となり、1944年まで、年間2～3万トンのパーボイル米が軍用に生産された。

戦後、アンクルベンズ・コンバーテッドライス〔強化米の一種〕がアメリカ、カナダ、オーストラリア、イギリスで販売され、アメリカでは単品で一番売り上げの大きいコメとなり、今も大きな販売量を誇っている。現在のアンクルベン・シリーズには、調味や調理済みのさまざまなタイプがある。インドにも、何世代も前からさまざまなタイプの加熱・乾燥済みのコメがあった。パーボイル米は、旧来の工夫が新しい市場向けに新たな形で利用された例といえる。

ヴィンス・デドメニコは、1958年に昔からある家庭料理を売り出した。コメとヴェルミチェッリ・パスタを使い、どちらもバターでソテーしてから、チキン・ブイヨンで煮るものだ。もとをたどればアルメニアの料理で、調理法はピラフが生まれた頃のもの（まず油でコメを炒めてから、ブイヨンで煮る）と同じだった。

デドメニコが売り出した大量販売向けの商品は、加熱乾燥加工したコメとパスタが箱に入り、チキン・ブイヨンの代わりに粉末調味料がついていた。用意するのは水だけだ。この商品はコメとパスタが半々だったため、デドメニコは「ライス・ア・ロニ」（「ロニ」はマカロニからとった）と名付けた。

アメリカのライスケーキはアジアやインドの食べ物が発展して生まれた。中国や日本には、数えきれないほどのライスケーキやウエハースがある。やわらかいもの、硬いもの、薄いもの、厚いもの。甘いタイプも風味のよいものもある。インドのイドリのようにやわらかいものも、あるいは日本のせんべいのようなぱりぱりのものもある。時間と温度、でんぷん質の豊富なコメと水をうまく組み合わせることで、甘いあんをやわらかくくるんだり、薄い生地がクレープやクリスピーやぱりぱりのクラッカーのようになったりする。

日本の「餅」もよく知られている。もち米を蒸してついた餅には、あんやアイスクリームを詰めることもある。日本や、アメリカの日系人社会では、餅を冷凍庫に常備する家庭もあ

米菓。カリカリ、ぱりぱり。そして色とりどり。

る。

アメリカではじめてライスケーキ（せんべい）を製造販売した会社のひとつが、ウメヤ・ライスケーキ・カンパニーだ。１９２４年に、日本人の浜野兄弟が日系人向けに設立した会社だ。第二次世界大戦中には創業者がアメリカの強制収容所に送られたものの、ウメヤは復活し、アメリカ全土の店にせんべいを供給した。アメリカのせんべいは、茶色や白や、それが混じったものがあり、カロリーが低く、食物繊維が豊富（玄米使用製品）な点が高く評価され、チェダー・チーズ味やしょうゆ味、ゴマ風味やキャラメル味のものもある。

ミニットライスは、アフガン人のアタウラー・オザイ＝ドゥラニが開発し、ゼネラル・フーズ社が１９４９年に発売した。多くのバリエーションが生まれ、今では、電子レンジ調理用のコメのカップなら調理に1分しかかからない。

こうしたコメの調理品は、レシピ付きか、ネット上でレシピをみられるようになっているが、そこにはアメリカにおける移民の人口動向が反映されている。カレーライスにサルサライス、アジアのチキンライスやギリシアのライスサラダ。自分の祖国の料理を作るのであれ、他国のものであれ、ミニットライスは役立つはずだ。

電子レンジでつくれるインスタントのライスヌードル・スープは、労働者や学生、子をもつ親や年配の人々に向け、手早く、簡単にできて、「後片づけもいらない」食事、というのが宣伝文句だ。小麦のヌードルやライスヌードルは、まず揚げて乾燥させ、発泡スチロール〔日本では現在、紙を使用したカップが使われている〕のカップやボールに、乾燥野菜や調味料の小袋と一緒に入れる。熱湯を注いで１、２分待てばよい。このカップ入りのヌードル・スープは、１９５８年に安藤百福《ももふく》が開発した湯を注ぐタイプのインスタント麺（チキンラーメン）にはじまり、日本で発明されたもっとも人気のある日本食品に選ばれたこともある。

◉レストラン

小さな食堂であれレストランであれ、コメ料理はどの店でも注文できる。とはいえ、昔からずっとそうだったわけではない。米食の国々出身の移民がアメリカやヨーロッパで増えるにつれ、彼らに食を提供する食堂が増え、移民以外の人々もそこで食べるようになった。そうした店では、「本物」そっくりな点は大きなセールスポイントではあるが、多少こじつけ料理ではあっても、「正しさ」はそれほど問題とはされない。

　１８５０年代、カリフォルニア州の中国人労働者が、小さくて質素なレストランを「チャイナタウン」に開き、同国人に食事を出した。蒸したコメをボールに盛り、その上に豚肉や葉野菜、豆腐をのせ、黒豆を醱酵させた豆豉《トウチ》や、しょうゆやオイスター・ソース、ニンニ

ライスペーパーの春巻き。軽くて色鮮やかで、低カロリー。ベトナムの軽食。

ク、ショウガ、ネギ、ゴマ油をかける。そして中国人ではない客がくるようになるとメニューも増えたが、それでも、中国人とそうではない客が別のものを食べることも多かった。しかし、もちろん、コメはどの料理にもついていた。

「チャーハン」なるものは、少なくとも最初は、キッチンの残り物を使いきろうと工夫したことで生まれ、メニューに載るような料理ではなかったとも言われるが、今日では見た目がさまざまなチャーハン（豚肉、小エビ、豆腐入りなど）が、中華料理店にかぎらず、レストランの定番料理となっている。いまや、電子レンジ用調理済み食品のミニットライスにもチャーハンがあるくらいだ。

ニューヨーク、カリフォルニア、テキサスの各州にやって来たアジア系移民は、1970年代に、自分たちの文化的背景を反映させたコメ料理を作るようになった。サンノゼやヒューストンにはベトナムのライスヌードルのスープ、フォーがあるし、タイの、もち米とマンゴーにココナツミルクの組み合わせは、ロサンゼルスやニューヨークでも食べられている。福建省の赤粕（レッドライス・ペースト）漬け鶏肉料理はニューヨークのクィーンズ区やブルックリン区、チャイナタウンの小福州でも食べられる。インドネシア、韓国、シンガポール、台湾、それにマレーシアのコメ料理ももちろんある。

●リゾット

言い伝えによると、リゾットがイタリアで生まれたのは1574年だという。ミラノのドゥオモで働くステンドグラスの製作者が、ステンドグラス製作の手順にサフランを加えて明るい黄色に色づけした。これをヒントに、彼は冗談のつもりで、結婚披露宴用の牛の骨髄を使ったコメ料理をサフランで色づけしたのだが、招待客が食べてみると、その料理がとてもおいしかった。これがリゾット・アラ・ミラネーゼといわれるようになった。

リゾットの伝統的な作り方は、短粒種ででんぷん質の多いコメをバターやオイルで炒め、米粒を油分でコーティングする。そして熱いスープストックや湯を少しずつ注いで、かき混ぜ続ける。するとでんぷん質がじんわりと米粒から出て、腰のあるクリーミーな食感になる。

バターとおろしたパルミジャーノ・レッジャーノ・チーズは、食べる直前に加える。リゾットがイタリアン・レストランのメニューに載るようになったとき、「リゾットの調理には25分ほど要します」という但し書きがついていることも多かった。

レストランに行けば、メニューには、伝統的なリゾット・アラ・ミラネーゼのほかにもさまざまなリゾットが載っている。リゾットをスピーディに作る調理法もでき、従来は使われていなかった材料も今では当たり前の食材になっている。豆腐を使ったベジタリアン向けリゾットや、乳製品不使用のリゾット（ライスミルクと、クリーミーさを出すためにナッツのピューレを使用）もある。箱入りリゾットも売られている時代だ。

◉パエリヤ

パエリヤはスペインのバレンシア地方が発祥だ。「パエリヤ」という言葉は、「彼女のため」という意味のスペイン語、ポル・エリャから変化したともいわれる（伝説によると、ある男性が婚約者の女性ために「ポル・エリャ」を作ったのだという）。あるいは、パエリヤを作るときに使う、丸くて浅く、持ち手がふたつついた鍋、パエジェーラからきているとも考えられる。

パエリヤは、労働者が野外の焚き火でコメ、野菜、ウサギ、カタツムリを混ぜて料理し、鍋から直接食べたものがはじまりだった。そして、とても熱くなった鍋底にはりついたコメがキツネ色になってできるのが、カリカリのおこげ、ソカラだ。アメリカでは、鶏肉、チョリソー、小エビ、二枚貝、短粒種または中粒種の白米、野菜、調味料とサフランを使ったものをパエリヤ・バレンシアナというようになった。そして、もちろんパエリヤも、箱入りや冷凍食品のものが売られている。

●ピラフ

ピラフは、本来は貴族階級の食べ物だった。イラン、アフガニスタン、インドではプラオといわれ、最高級のピラフは、数年もので値の張る香り米、バスマティで作る。ピラフを供するときには必ず、コメのひと粒ひと粒から湯気が上がり、皿全体が香り立つように仕上げなければならない。

ピラフを作るときは、水がでんぷん質でにごらなくなるまでコメをよく洗うか、水を替えながらコメを浸しておく。グリーンカルダモン・ポッドやクミン・シード、クローブを挽いて混ぜたスパイスをあめ色タマネギと一緒にギー（澄ましバター）で炒め、コメをこれに加えてかき混ぜ、米粒を油分でコーティングする。水かスープストックを注ぎ、「気泡」が出てくるまでコメをことこと煮る。それからフタをした鍋を20～30分蒸らす。鍋に乾いたタオルをかけてからフタをし、ふたの内側についた蒸気をタオルに吸わせて、米粒がくっつき合わないようにする。こうすると、コメがべとべとにならない。

アフガニスタンやイランでは、煮えたコメの中央にギーを注ぎ入れて、鍋底に広がるようにする。コメを30分あまり蒸らすと、タフ・ディーグができる。これは、鍋底につく、キツネ色のカリカリしたおこげだ。

ガンボの起源については議論がつきることがないが、その歴史についてははっきりと言えることもいくつかある。歴史がわかるのに起源がわからないとは矛盾しているようにも思えるだろうが、こうした点も、この料理がもつ背景の一部だ。ガンボは、クレオールやケイジャン（どちらも、自分たちが起源だというだろう）に欠かせないスープのようなコメ料理で、名前をオクラ（バンツー語でンコンボ）からとったものだ。ルーを使うのは、フランスの植民地時代の名残だ。バターやオイルを小麦粉と合わせ、とろみ付けをするものだ。ガンボには、挽いたサッサフラス［北米の黄色の樹液の木］をとろみ付けに使うものもあり、これはチョクトー族［アメリカ南東部のインディアン部族］の影響だ。

ケイジャン料理では、ガンボにザリガニを使う。スパイスの効いたソーセージもケイジャン、スモーク・ソーセージはドイツ料理からきたものだろう。トマトを使うかどうかは、その国の伝統や調理法しだいだ。

●ストリート・フード

ストリート・フードは、気軽に、手軽に食べられる食品だ。そして、もともとは屋台やフード・トラック、野外市場や祭りで売られていたストリート・フードが、フードコートで中国やインド、タイ、メキシコなど「民族料理」のファストフードとして売られるようにもなっている。とはいえ、なにかに包んだり詰めたりするような、さっと食べられるものなら、ストリート・フードとして売るにはもってこいだ。

中国、昆明の、砂糖をまぶした雲南イチゴをライスペーパーでくるんだパリパリの味にはだれもが病みつきになる。インドはムンバイのヤギのビリヤニは、ついついお代わりしてしまう。ニューヨークのコリアタウンのキムバプもいい。炊いたコメにタクアンやツナをのせ、焼きノリで巻いたものだ。ボリーニョ・デ・アロスもいける。イワシやチーズを使った、リオデジャネイロのライス・フリッターだ。ニューオリンズにはカーラーがある。ゆでたコメを使って揚げた丸いドーナツに、パウダーシュガーをまぶしている。

ストリート・フードのなかには、両手を使わないと食べられないものもある。ベトナムのライスヌードルのスープ、フォー、テキサス州のメキシコ料理カルネ・アサダ、ガンビアの鶏肉とコメの料理ヤッサ。こうした料理はベトナムやテキサスやガンビア生まれのものだが、ニューヨークでもニューメキシコでも、カリフォルニアでも、移民がいるところでは売られている。

ストリート・フードは値が張らないから、家族全員で食べても財布を心配する必要はない。中国南部では、竹の蒸し器に、チョンが大きなピラミッド型に積み上げられている。バナナの葉をはがすと、なかから味付けしたキノコがつまったおにぎりが出てきて、ふうふう吹きながら食べる。ココナツ風味のプソは、ジャスミンライスをココナツの葉でくるんでゆでたもので、フィリピンのルソン島のストリート・フードといえばこれだ。

インド南部にはイドリがある。コメとレンズ豆を蒸したライスケーキはふっくらとして空気のように軽く、朝食によく食べられる。ドーサも忘れてはならない。醗酵米とレンズ豆の「クレープ」で、野菜やジャガイモのカレーに粒マスタードを添えたものをこれで巻いて食べるが、なかにくるむものはほかにもいろいろだ。インドネシアのストリート・フードはナシゴレンだろう。ブラチャン（小エビのペースト）で味付けし、目玉焼きをのせたチャーハンだ。

屋台やフード・トラックは無数にあり、近隣の忙しい人々や、祭りや、農家が出す市や農産物の品評会などにコメ料理を運んでくる。こうした移動キッチンでは、スパイスを効かせたバスマティ・ライスをつけた野菜のコーマや、キムチと豚肉を合わせた韓国風チャーハンも食べられる。ロサンゼルスのコギBBQトラックはフード・トラック流行のはしりで、近年、レストランも出店した。通常とは逆のパターンだ。ここで出すのは、ミートボールや豚の脇腹肉、豆腐、キムチが入った韓国風丼だ。

◉寿司

本来は手が込んでいて値の張る料理だが、ストリート・フードとしてなら、安く手軽に食べられるものがある。寿司がそうだ。高級な寿司がある一方で、安い寿司もある。

紀元2世紀に、中国内陸部、ラオス、タイ北東部などメコン川流域で、炊いたコメのあいだに塩をまぶした魚をはさんでいく料理があったとされている。容器は長期間密閉して、塩分とコメの醱酵によって魚を保存するのだ。コメを取り除いて魚を食べるのだが、これに目がない人は、強烈なにおい（ブルーチーズによく似ている）まで楽しんだ。調理に時間も金もかかるため、この料理は富裕層のものだった。もっとも、川沿いに住み、魚が簡単に手に

寿司

入る人々はこれを作ることができた。

　このなれ寿司風の料理が、7世紀になって中国や日本に入っていった。だが日本人がこのコメに漬けた魚を食べた一方で、中国人はこれを好まなかった。この料理は日本で人気が高まり、それに応えるため、日本では密閉しておく期間を短くした。その結果、魚は以前のように雑菌の繁殖を抑えた状態でありつつ、コメのにおいはかなりおだやかになった。そして718年には、朝廷が租税品目に寿司（鮨）を入れるまでになる。

　17世紀初頭には、寿司米は、米酢というまったく新しい調味料で味付けされるようになっていた（英語では米酢をライス・ワイン・ビネガーというが、酒のワインとは関係がない）。コメを酢で調味すると、魚もコメも一緒に食べて楽しめるようになった。酢のにおいは醗酵したコメのものと似ており、菌を抑える力もあったからだ。寿司の値段は以前ほど高くなくなり、貴族階級から、昼食を通りの店でよくすませるような労働者へと広がり、大衆化していった。そして、コメと魚を組み合わせただけの寿司のほかにも、漬物その他の付け合わせと一緒に弁当箱に詰めた手の込んだものも登場し、寿司はいつでも食べられるものになった。

第二次世界大戦後、日本の寿司屋台は、衛生環境を整えるため屋内の店へと変わった。日本食レストランが増えるにつれ寿司は世界に広がりはじめ、新しい環境にも適応し、玄米を使った裏巻き寿司、カリフォルニア・ロールも生まれた。一流の寿司職人は使用するコメへの注文も多く(最高級の短粒か中粒種を使う)、自ら精米する職人もいる。寿司職人の見習いは、コメを炊くことからはじめ、長期にわたって修行する。

寿司は高級レストランでもカフェのチェーン店でも供されるし、スーパーマーケットでも買える。パックした寿司しか売っていない店もある。このタイプの寿司は工場で作られ、ロボットがコメをにぎったり巻いたりし、訓練したスタッフが魚のネタをのせる。冷凍の養殖魚や質の低いコメを使うことで、寿司は富裕層の食べものから、大衆の安価な食べものへと変わり、ほぼ全世界に広まった。カウンターのまわりにベルトコンベアを備え付けた回転寿司の店もあり、客は回ってくる寿司の小皿を自分で取って食べる。

寿司が爆発的人気を博していることがよくわかるのは、ブラジルのサンパウロだろう。ここには多数のスシ・レストランがある。日本人移民がこの地域のコーヒー農園で働くためにはじめてやってきたのは、１９０８年のことだった。日本人移民の人口は増え、今日、サンパウロは日本国外での最大の日系人社会となっている。

現在、寿司は毎月１７００万食も食べられているが、ブラジルで寿司が登場した頃は、富裕層の食事向けの贅沢品だった。だが人気が増すにつれ、飯と魚をにぎる作業のオートメーション化で価格が下がり、今ではカフェやサラダ・バーでも寿司を出すほどになった。もっとも、ブラジルには長粒米を食べてきた歴史があるため、寿司以外の日本食には、日本で食べられる短粒米ではなく、長粒米を添えるのが好まれる。アジア以外では、ブラジルは最大のコメ消費国だ。ひとりあたり、年に40キロを食べる。また、ブラジル人の嗜好に合わせ、マンゴーやイチゴ、生の牛肉など、ブラジル独自のネタや具を使った寿司も多い。

◉酒

コメと水を原料として醗酵させた飲み物は中国と韓国に何千年も前からあるが、私たちが一番親しんでいる日本酒は、およそ２５００年前に生まれた。麹菌と野生酵母を組み合わせたり、原始的な方法では、噛んで容器に吐き出す（口噛み酒）という方法で玄米と水を醗酵させ、それを濾《こ》して造ったものがある。こうしてできた酒は薄い茶色でにごっていた。紀元689年には、中国の支援もあり朝廷に醸造のための新しい部署ができ、アルコール度を高くする麹菌を開発した。そして酒が持つ宗教儀礼的要素は強くなり、寺院の僧坊に酒の自家製造が認められた。それ以降の400年で、酒の醸造は商業的事業となって京都と神戸が醸造地の中心となり、国は酒税を徴収するまでになった。

16世紀後半に酒造用の麹米［麹を造るための米］と掛け米［麹の力で溶けて酒となる米］に精白米を用いる製法が広がりはじめた頃には、にごり酒にくわえ透明度の高い酒も生まれていた。19世紀には、シングルモルトのスコッチウイスキーやワインやチーズのように、季節やコメの種類や地形、気候や水など、醸造地の状況によって酒の風味が異なるまでになった。そして、地元の人の口に合うさまざまな地酒も生まれた。コメ不足の時代（第二次世界大戦中など）には、少量のコメと安い蒸留アルコールを使った、質の悪い酒が造られた。第二次世界大戦後になると、日本ではウイスキーやワインやビールがよく飲まれるようになり、一方で日本酒は、ヨーロッパや南アメリカ、オーストラリア、それにアメリカでの人気が高まった。

日本酒

雲南省、現代のコメの蒸し器。蒸しあがりがとてもよい。

◉電気炊飯器

コメは通常、炊くか、（パスタのように）ゆでるか、蒸すか、あるいはこうした調理法を組み合わせて料理する。だが、鍋を火にかけ、火や炭の加減をみながら炊き、頃合いを見計らって鍋を火からおろさなければならないから、コメを本当においしく炊きあげるのはむずかしい。100年あまり前にガス・コンロが登場し、火に関してはかなり楽になったが、さらに日本では炊飯器がコメの調理に革命を起こし、世界中に広まった。

1955年、東芝が自動式炊飯器［コメが炊きあがったら電源が自動的に切れる」を最初に製造した。1日中ご飯を保温しておけるジャー炊飯器は、1972年に三菱電機が開発して大人気となった。寿司屋でもこれをおおいに利用した。1988

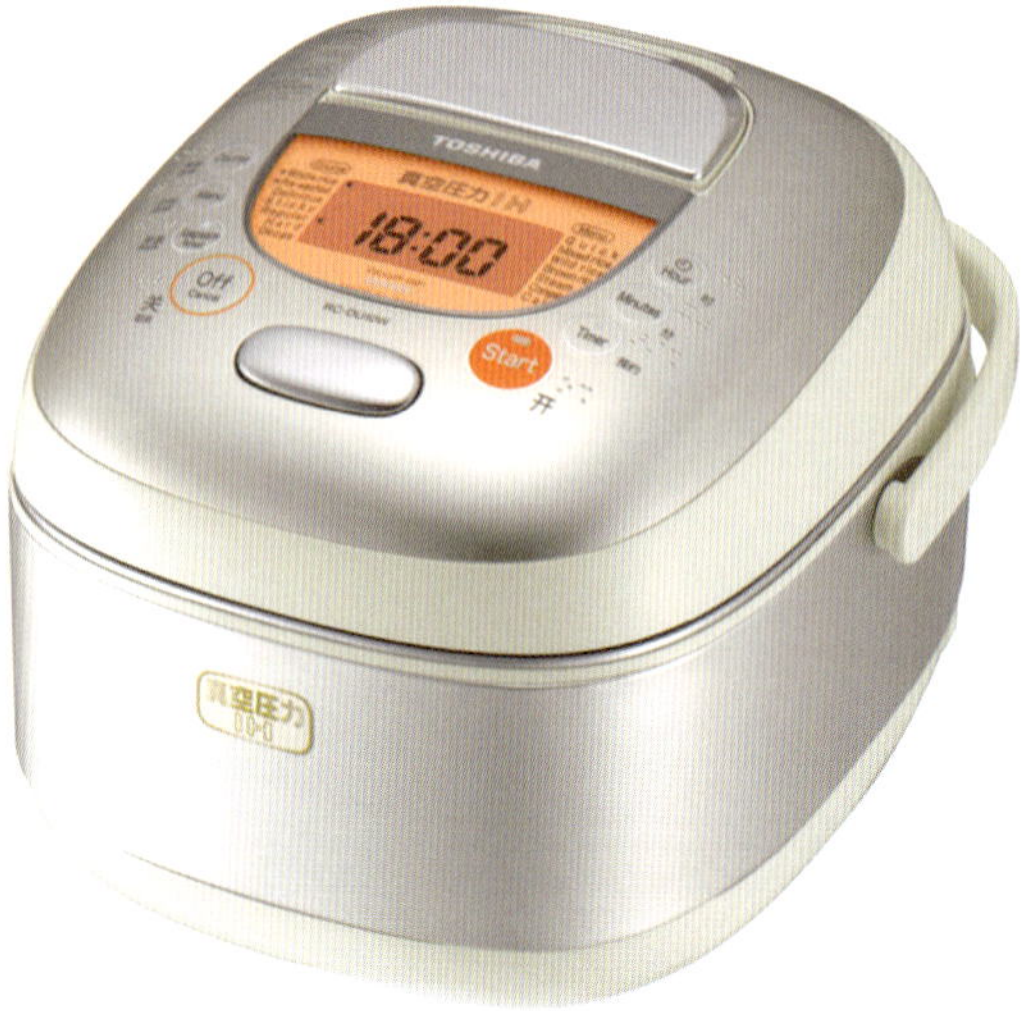

現在の電気炊飯器

年には、松下電器産業［現パナソニック］がIH（電磁誘導加熱）炊飯器を売り出した。ヒットするのに時間はかかったが、このタイプはほかより価格は高いものの、今では炊飯器の売り上げの半分以上を占めている。この炊飯器ではコメを水に浸しておく必要がなく、炊き上がりにやさしく混ぜれば（これで余分な水分を飛ばす）、炊きムラのないご飯ができる。2003年に松下が開発した過熱水蒸気を利用した炊飯器では、ご飯がより香り高く炊き上がる。

松下は、ヨーロッパとアメリカでも炊飯器に対する関心が十分だとみてとると、消費者の嗜好に合わせた特別な炊飯器を製造した。アメリカでは、コメの上で野菜を蒸すための専用カゴがつく。炊飯器のフタは透明で、コメと野菜が調理できたか確認もできるようになっている。パーボイル米なのか、蒸すのか炊くのか。好みのコメや調理法に炊飯器を合わせることもできる。コメと同じく、炊飯器も、食べる人の求めに適応しているのだ。

第5章◉文化としてのコメ

棚からぼた餅
——日本のことわざ

◉コメから生まれる文化

神話や習慣、儀式、言葉や考え方には、コメから生まれたものがある。一方で、人間が新しい土地へと移住したあとや、新しいテクノロジーが生まれたときには、古い伝統が新しい規範や社会の枠組みへと形を変えることもある。たとえば殺虫剤は祈禱にとって代わり、従来の品種に代わって成長の速い稲が植えられる。現代のコメ生産技術は、伝統の喪失や、失業増加の原因にもなっている。人に代わり、機械が仕事をするからだ。

香港の空港のポスター。「コメを食べて、ハッピーになろう」

アジアの研究センターにおける支援基金を活用し、種子の直播《じかま》きや田植えの機械化、除草剤の選定、脱穀の機械化を研究して労力を削減しようとする試みは、悲観的状況の改善を助けるものである。この問題には、時期的要素が大きくかかわる。経済成長とともに、農業分野においては、労働力過剰どころかその不足という問題が生じている……コメ生産において、多くの地域で、何世紀にもわたり用いられてきた習慣や技術がしだいに消える傾向にあることは、まぎれもない事実だ。地ならし用の水牛の仕事はトラクターが行ない、田植えをせずに直播きを行なう。除草剤は人手による除草作業に、そして脱穀機は、田で農民が行なう伝統的な脱穀作業にとって代わっている

田におかれたコメの神の祠

……。若い世代にとって稲作農業はもはや生活の手段ではない一方で、水田を維持するために地元に残った人々は、労力を減らし、労働生産性を高めるための新しい農耕法を取り入れようとしている。

ＩＲＲＩによる２００１年の報告書「21世紀における稲研究と米生産」が稲作をめぐる変化についてこのように述べている一方で、古代から続く伝統の価値は変わらず、今もコメにかかわる儀式が引き継がれている。水田のなかには神をまつる祠《ほこら》があり、収穫の祭式もよく行なわれている。

ベトナムのハノイ・ウォーター・パペ

ット（水上人形劇）が、田植えや収穫の象徴を劇に取り入れていることは有名だ。タイのコメの女神であるメー・ポーソップを崇める人々は、収穫のときに女神の怒りをかわないように稲を丁寧に刈り取る。インドでは、新郎新婦に大量のコメがふりかけられる。アメリカの結婚式でもひとにぎりのコメを投げる風習がある（ただし、アメリカでは式が戸外で行なわれる場合、コメではなく鳥の粒餌を投げる。鳥が生米を消化できないからだ）。

土地や国は違っても、同じ神話を起源とする話を持つ場合もある。コメが人から人へ、土地から土地へと、複雑な道を経て移動していったことを知れば、これも腑に落ちるだろう。

しかしコメは、人の生活を肯定し励ますばかりではない。米粒や稲作が、人種的、性的差別の比喩表現に使われることもある。

◉神々とコメ

人が主食とするものからは、さまざまな神話が生まれる。多くの神々は、人が生活基盤とする食べ物を与え、あるいは奪う。すべての食べ物には皆、神が宿っている。人は神社や寺院に豊作を願い、神々――それが人であれ動物であれ――に供物をささげる。コメの豊作によって当面の生き残りが保障されるだけでなく、将来の食料不足を防げるからだ。

なかには復讐心に燃えたり、罪悪感に苦しんだりする神さえいる。ジャワのティスナワティの神話がその例だ。神を父にもつティスナワティは、人間の男性ジャカスダナと恋に落ちた。ティスナワティの父親は神と人間との関係を認めず、罰としてティスナワティを稲穂に変えてしまう。その後、ティスナワティの父親は娘の恋人をあわれみ、同じように稲穂に変え、男が愛する娘のとなりにおいた。ふたりの強い結びつきは収穫の祭りで再現され、契りあった愛が、一時的な、あてにならない感情に勝つことの象徴になっている。

豊かな収穫をあげるためには、骨身をおしまず働く意思と責任と、統制のとれたチームワークが必要だ。マルコーム・グラッドウェルは著書『天才！　成功する人々の法則』（勝間和代訳。講談社。２００８年）で、この３つの要素が数学的な思考と相性がよい可能性があると指摘する。ただし、これはあくまでもステレオタイプな見方である（だから「神々と神話」の話のなかに入れている）。

グラッドウェルは次のような説を展開する、中国南部の水田は非常に小規模で、家族全員で稲作農業のあらゆる作業をこなす。田植え、田の手入れ、水張り、田ならし、除草、灌漑を適切な時期に行ない、またその他の労働集約的作業も含め、稲作のすべてはいまだに人力だ。日々なにかを決めることが必要とされ、その多くは計算やこまごまとした作業を含む。

また、英語にくらべると中国語は数の数え方が単純な言語である。それに加え、（学校や家庭での学習もそうだが）水田の作業で培った正確さと勤勉さが発揮されることで、アメリカの学校の数学の授業ではアジア出身者の子供が好成績を収めるのである。シンガポール、中国（台湾）、韓国、香港、日本は、稲作と数学の能力の高さという共通性があるのだという。

温情をほどこしてくれる神もいる。インドのタミルナドゥ州に伝わるコメの女神ポンニアンマンの名前は、この地方でとれる「ポンニ」米と、タミール語で女神を意味するアンマンを合わせたものだ。この地方では、大洪水で田が流されることもめずらしくなかった。そこで人々がポンニアンマンの像を建て祈りをささげると、洪水は減ったという。

中国にもコメにかかわる神話がある。洪水が作物を流してしまい、人々は山地に逃れた。このとき、稲穂をしっぽにぶら下げた1匹の犬が走りさった（穂には種子である米粒が入っている）。犬が走ると種子が大地にこぼれ、そこから稲が芽を出した……。

中国には、5人の息子をもつホウジという猟師の神話もある。ホウジは息子たちにそれぞれ5種類の穀物のうちひとつがつまった袋を与えた。大麻、小麦、キビ、豆、そしてコメだ。コメの袋をもらった息子の名は、パディ（Pahdi）といった。これがコメの起源で、この息子にちなんで「田（パディ paddy）」という言葉ができたという。

フィリピンのイフガオ州の棚田には、コメの神である、男女一対のブルル像がおかれている。あるときホォミッドヒッドという神が人間の姿をした像を4体、フィリピンの国樹であ

フィリピンの田の神ブルルの像。「家族に食べさせるため、この鉢いっぱいコメをください」

るナラの黒い木で彫った。この像は川を下り、そこで増えて、田と、コメが貯蔵される蔵を守ったとされる。

日本の穀物の神、稲荷は、はじめて稲を栽培したともいわれている。ヘビが米俵の番をしているところに、稲荷の使いのキツネがやってきた。そして俵からキツネが種子を抜き取り、それを植えたのだという。日本の家庭には庭に小さな稲荷神社をおいているところもあり、また、神社や寺でも稲荷をまつっている。「繁栄の神」ともいわれる稲荷は、多くは稲束《いなづか》などをもちキツネの背にのっている「荼枳尼天《だきにてん》」が、このほかにもさまざまな姿で描かれる。

◉コメと祭り

バリでは収穫祭でコメの女神デウィ・スリを祀り、3つのものをあがめる。ひとつはコメを生んだ女神で、ジャワの神話にも出てきたティスナワティ。メー・ポーソップ（タイの女神）は、コメの収穫を守る女神だ。そして、もうひとつは収穫したコメで、人間の女性でこれを表す。

コメの起源を語る話にこのようなものがある。最高神であるバタラ・グルが卵形の宝飾品をもらった。開けてみると、なかには美しい少女がいて、バタラ・グルはティスナワティと名付けた。ティスナワティが若くして亡くなると、皆が悲嘆にくれた。ティスナワティの埋葬後、バタラ・グルが森で馬に乗っていると、墓のそばに美しい光がさした。近寄ると、ティスナワティの頭からはココナツパームが、両手からはバナナの木が、歯からはトウモロコシが、そして股からコメが生えていたという。

祭りのあいだ、村々は家を塗り替え、旗を飾る。そしてデウィ・スリをたたえて米粉をかけたコメの神の像が、田のあちこちにおかれる。そして田の近くには、豊作を願い、稲藁で偉大な女神をかたどったものがかけられる。蔵は先祖の霊の住まいなので、小さな家のような外観であることが多く、そこには先祖が次の収穫まで食べるのに困らないだけのコメがあ

タイのコメの女神、デウィ・スリ。稲藁でできている。

ポンガルのコメのアート。毎年、コメの祭事ポンガル用に作られる、色とりどりのコメ粉で描いたデザイン。

る。祭りの供物は一般に家庭の年長女性がこしらえ、蔵に供える。そして食事に出すのは、串焼きのあひるや豚と、ナシゴレン（チャーハン）やコメのお菓子や団子だ。

インドのタミルナドゥ州ではポンガルというヒンズー教の収穫祭を4日間行ない、太陽、雨、家畜、穀物（とくにコメ）に感謝し、サトウキビとターメリックを飾る。初日の夜明けに大きな焚き火を燃やし、使わなくなった古い品物を火にくべる。そして家を掃除し、玄関前の地面に、色づけした米粉できれいな模様を描く。農民は、鋤《すき》や鎌にビャクダンのペーストを塗ってから、それを使いコメを収穫する。2日目には、太陽神スーリヤを祀る。土鍋で牛乳とコメを煮て、ターメリックとサトウキビで飾りつけしたものをスーリヤに供え、そして鍋いっぱいのコメが煮えたら、皆で分け合って食べる。3日目には水牛や牛に水浴させ、花で飾り、あがめる。畑を耕してくれることに感謝するのだ。牛乳で煮たコメも食べさせる。そして4日目には、若い女性が煮たコメをにぎり、鳥が食べられるように地面におく。ポンガルの祭りは結婚式にも良い日だとされている。十分な収穫がある時期であり、結婚式に必要なコメなどが手に入るからだ。

大阪の住吉大社では、古代の儀式を再現する田植え祭が6月に行なわれる。牛が田を耕し（いまや大都市では、高層ビルの屋上にコメが植えられていることもあるのだが）、人々は田植えの踊りを舞い、田植え歌を歌う。これは、穀物や、母なる大地に植え付けられる苗に宿る、穀霊《こくれい》の力を増すためのものだ。祭りでは、歌って舞う女性たちや、花笠をかぶった女性たちも登場し、鎧兜《よろいかぶと》をまとった武者行列がみられる。この行事は、150人の少女が舞う住吉踊りで最高潮に達する。そして人々の祈願は、秋のコメの豊作をもって成就する。稲刈りが終わった10月に神社の神様にコメが供えられ、11月23日には、穀物豊穣を感謝する新嘗《にいなめ》祭《さい》が行なわれる。

中国には臘八節《ろうはちせつ》［豊作を祝い、12月8日に行なう］、春節《しゅんせつ》（中国の新年）、端午節《たんごせつ》［旧暦5月5日に行なう］のドラゴン・ボート・フェスティバル、中秋節《ちゅうしゅうせつ》［旧暦8月15日に月を祀る］

赤ん坊が生まれて11日目に行なわれる命名の儀式。バラモン教徒の生活を描いた1820年頃の作品。後列は給仕される女性たち、前列は男性たちと、招待されたバラモン教徒。プランテーン（料理用バナナ）の葉に上にコメ、ドーサ、野菜が盛られ、お茶とカップも見える。

などがあるが、これらは、日々の生活におけるコメの大切さをたたえる祭りの、ほんの一部でしかない。ほかにも、収穫や、豊作、夏《げ》至《し》、それに男女の出会いを祝うものなど、さまざまな祭りがある。

貴州省《きしゅうしょう》の姉妹飯節《しまいはんせつ》［貴州省に多く住むミャオ族の祭り。娘たちが結婚相手を探すためのものとしてはじまった。旧暦の2～3月に行なわれる］では、祭りの象徴でもある姉妹飯が作られる。若い女性が葉や花や草を集めて色水を作り、そのなかにもち米を数日浸して、しっかりと色づけする。そしてなかになにかを入れたおにぎりを作って姉妹飯として供え、目をひく若い男性に手渡す。コメの色となかの品によって、女性が伝えようとすることは異なる。たとえば赤いコメは、女性が住むの

雲南省の過橋米線

が花にあふれた村という意味だ。なかに綿が入っていれば、女性の強い結婚願望を表していて、ニンニクなら、その反対だ。

中国南西部雲南省《うんなんしょう》のモンツーでも、もっと新しいものではあるが、過橋米線《かきょうべいせん》というライスヌードルの料理が大事にされている。この料理にまつわるこんな話がある。家から遠い南湖にある静かな島で、科挙の勉強をする男がいた。この男の妻は毎日昼食を届けるのだが、熱い食事を出したいのに、夫のもとへと橋を渡る頃にはスープは冷めている。ある日、妻はチキンスープをつくった。すると夫の書斎に着いたとき、そのスープはまだほかほかと湯気をたてていた。スープの表面には鶏の脂が層を作って浮いており、このおかげで長い距離を歩くあいだも熱が逃げなかったのだ。

この性質を利用して、チキンスープ自体を料理とするのではなく、チキンスープを使って料理が作られるようになった。このスープに、ライスヌードルや肉、魚、野菜などさまざまな生の具材を、薄くスライスして入れるのだ。沸騰したスープに、食べる食前にこうした具を加えると、できたてで熱々の食事を楽しめる。

韓国と北朝鮮では、誕生日に麺（長寿のシンボル）や餅菓子がよく供される。蒸した餅はクリやはちみつ、ナツメ、モロコシ、オオヨモギで風味付けをする。とくに韓国で好まれるヨモギ餅は薬効があると考えられている。こうした餅は、端午《タノ》祭で供される伝統がある。

李朝初期と李朝における儒教全盛期（李朝は１３９２～１９１０年まで続いたが、とくに16、17世紀）には、祝日の儀式と季節の祭りが盛んに行なわれた。人々は、餅のスープや、松葉で蒸した餅、コメから作る甘酒などを摂って、自然との調和を図ろうとした。元日に食べたのは餅のスープ。子供が生まれてから１００日目に作る蒸し餅は純真と純潔を表した。そして1歳の誕生日には、子供の前途を祝して何色もの餅が層になった虹餅を作った。

コメは西アフリカの多くの祭式でも大きな意味をもつ。畑で働くのはおもに女性だが、男性が動物や鳥を模した面や頭飾りをつけて行なう儀式が多数ある。コメを中心にした祝宴の

ソウルの路上で売られている韓国風おこし。香ばしくて甘く、パリパリとかみごたえがある。

料理は、コメが女性の多産と結びつけられていることの表れだ。手の込んだ木彫りと、アシやその他の草で編んだ箕《み》［穀物の選別や運搬に使う農具］もこうした儀式に欠かせない。アフリカでは今も箕が作られており、現在、サウスカロライナ州のローカントリー［沿岸地域］でも見ることができる。

リベリアとコートジボアールでは、ダン族の女性が豊作を祈願し、動物と人を彫った木製のライス・レードルを持って踊り、マリ共和国では、バマナ族の男性がレイヨウの頭飾りをつけて精霊に踊りをささげる。ギニアとリベリアのバガ族の結婚式では、新婦が頭にカゴをのせて踊り、参列者がカゴにコメとお金の贈り物を投げ入れる。

アメリカでは、アーカンソー、ルイジアナ、サウスカロライナ、テキサスの各州で、毎年ライス・フェスティバルが開催される。収穫を祝い、コメで作ったおいしい料理を食べ、それぞれの地域でのコメ産業の重要性にスポットライトをあてるのが、このフェスティバルだ。ルイジアナ州クローリーで行なわれる国際ライス・フェスティバルではパレードが行なわれる。「ライス・キング」と「ライス・クイーン」が選ばれ、コメの大食い競争から料理コンテストまである。コメを使ってさえいれば、ブラッドソーセージ（コメを使ったソーセージ）やジャンバラヤにガンボまで、どんな料理も味わえる。

テキサス・ライス・フェスティバルは、毎年10月にテキサス州ウィニー周辺で行なわれる、収穫を祝う祭典だ。このフェスティバルではカーニバルやパレード、家畜とロングホーン（長角牛）のショー、ホース・ショー、バーベキュー、夜のストリート・ダンス、コメ料理のコンテスト、歴史ショーも楽しめる。また地域色の濃い、コメ料理とケイジャン文化がにおい立つメニューが用意される。

定番の料理といえば、ライスボール、ガンボ、エトフェ（濃厚なルーを使ったソースに、多くはザリガニその他の甲殻類を入れ、コメにかける）、クラブボール、ブタンボール（ソーセージとコメのボール）、ファンネル・ケーキ、そしてひき肉、野菜、豆、トマトで作り、ビスケットやコーンブレッド、コメを添えるカウボーイ・キャセロールなどで、どれもいっせいに並べられる。

１９７６年にはじまったアーカンソー・ライス・フェスティバルでは、毎年ミス・アーカンソー・ライス・クイーンが選ばれる。ありとあらゆるコメ料理のコンテストが開催され、地元の有名なシェフがその腕前を披露する。バターと砂糖を使ったコメ料理もある（預言者ムハンマドの好物のひとつでもある）。

パエリヤは、スペインのバレンシア州南部にある農業の町、スエカで開催されるフィエスタ・デル・アロス（ライス・フェスティバル）の花形だ。このフェスティバルは毎年９月に行なわれ、世界にもっとも知られているスペインのコメ料理を祝う。国内外のシェフが腕を競う「国際パエリヤ・コンテスト」では、ボンバ米や、長粒種と同じくらい出まわっている吸水性の高い特殊な短粒米など、地元産の有名なコメも使用する。

バレンシアのパエリヤは、鶏肉、ウサギ、カタツムリ、葉野菜を使うのが伝統だが、どの村にもそれぞれ自慢のパエリヤがある。もっとも一般的なタイプは、鶏肉かウサギ、魚介類のパエリヤか、これらを一緒に入れたものだ。漁師たちのあいだでは、アロス・ア・バンダ［別々のご飯を意味するスペイン語］が作られるようになった。コメと魚を別々に調理して、それぞれの風味を十分に引き出すことからついた名だ。この料理は、アイオリソース（ガーリック・マヨネーズ）をつけて出す。土鍋でビーツ、コウイカ、カリフラワーやホウレンソウと一緒にコメを調理したひと品も人気だ。

◉コメを使った儀式

新郎新婦にライスシャワーを浴びせるのは、古代のアッシリアやヘブライ、エジプト人が行なった儀礼だった。ヒンズー教の結婚式では新郎新婦が火のまわりを歩き、ふたりの手に新婦の兄弟が玄米を注ぐ。そして新郎新婦はこのコメを火にくべる。インドでは、コメは結婚後はじめて新婦が夫に出す食べ物であり、子供がはじめて口にする固形食だ。コメと多産はほぼ同義でもある。

日本では、結婚の祝いにもち米粉で作った鶴亀(長寿を意味する)の求肥《ぎゅうひ》が使われることも多く、子供が生まれたら赤飯を贈って祝う。そしてタイなどの仏教の葬式で使うコメは、もう芽生えることのないパフライスだ。韓国の葬儀では、死者の口にスプーン3杯の生米をふくませ、お金をいくらか添えて、あの世へと安らかに旅立てるようにする。

◉言葉と文学

アジアのいくつかの言語では、「コメ」「食物」「食事」、そして「食べる」を意味する言葉にほぼ同じものが使われている。また「農業」と「コメ」が同義で使われることも多い。コメは、さまざまなものを表現するのに使われている。

コメは聖書には出てこないが、孔子とムハンマドはどちらもコメを好物としている。ムハンマドはギー(澄ましバター)で調理し、甘くしたコメを好むことが多かった。一方ブッダは、シッダールタを名乗っていた時期には裕福な生活を送っていたが、その後悟りを求め苦行生活に入った。1日にひと粒のコメしか食べない日が何か月も続いたある日、ブッダのもとへ少女が1杯の牛乳粥を持ってきた。それで体力を回復させたブッダは、修行を続けることができたという。ブッダの衣には田の模様が織り込まれ、今日の僧衣にもそれは引き継がれている。

クリシュナ［ヒンズー教神話の神。民衆に愛される英雄神］の信者は、食物は3つに分けられると教えられる。そのひとつにはコメ、牛乳、乳製品が含まれ、これらはすべて徳につながるものだ。

ことわざや格言には、コメに意味や感情を持たせたものも多い。

腹を立てた者に皿を洗わせてはならない。腹を空かせた者にコメの番をさせてはならない。

——カンボジアのことわざ

1年の計を立てるのならコメを植えよ。10年の計を立てるのなら木を植えよ。生涯の計を立てるのなら教育せよ。

——中国のことわざ

テーブルいっぱいの料理でなく、1杯のご飯を求めなさい。

——ベトナムのことわざ

コメは水のなかで生まれ、ワインのなかで死ぬ。

——イタリアのことわざ

もうご飯食べた？

——タイの伝統的あいさつ

アメリカの偉大なジャズ・トランペッター、ルイ・アームストロングは、レッドビーンズ・アンド・ライスが大好物だった。このニューオリンズの象徴ともいえる料理に敬意を表して、アームストロングは手紙の最後に、「シンシアリー・ユアーズ（Sincerely yours）」［手紙の結びの文句］に代え、レッドビーンズ・アンド・ライス（red beans and rice）をもじって「レッドビーンズ・アンド・ライスリー・ユアーズ（Red beans and ricely yours）」と書いた。

●その他のコメが象徴するもの

中国では、「割れた茶碗」とは国から職をもらえるあてのない人をいう。毛沢東政権時代に生まれた言葉だ。この時代には、「鉄の茶碗」をもつという言葉が、生涯における職の保障を意味した。そしてそれは中国共産党への全面的忠誠を前提とし、住居や結婚相手や、食糧配給、教育における選択まですべてを管理されるということだった。

コメという言葉に人種差別の意味合いが込められることもある。ベトナム戦争中、ベトナ

1960年代のベトナムのプロパガンダ用ポスター。コメのひと粒ひと粒が集まってコメ袋がいっぱいになる、という意味の文が書かれている。つまり、強い国家を作るには、ひとりひとりの兵士の力が必要だと訴えている。

ム人女性とアフリカ系アメリカ人兵士とのあいだに生まれた子供は、「おこげの色」といわれることもあった。一方当時の南ベトナムのポスターでは、銃剣を掲げて行軍する兵士の列と豊作のコメとを組み合わせ、ベトナム人兵士の戦意を支えるプロパガンダとした。兵士をまかなうコメがあるかぎり、どこまでも戦いぬくことができるというわけだ。

中国系アメリカ人作家で教育者のマキシーン・ホン・キングストンの著書『チャイナタウンの女武者』（1975）には、女の子に対する著者の祖父の考えを、コメにからめて表現した箇所がある。「家族は女をよそへやれれば喜ぶんだ。『女は米に混ざった蛆《うじ》だ』、『娘を育てるより鵞鳥《がちょう》でも育てたほうがましだ』」（『チャイナタウンの女武者』藤本和子訳。

晶文社。1978年)。フィリピンではコメが蔑称に使われ、パフライスでできたお菓子のアンパオが、頭が空っぽという意味で用いられることがある。

アメリカ南部出身の女性作家カーソン・マッカラーズは、小説『結婚式のメンバー』(1946年)のなかで、主人公がコメに抱く愛着をこう描写している。

ハムのシチューはF・ジャスミンの大好物だった。彼女はいつも、自分が死んでお棺に入ったら、鼻先で、お米や豆を入れて煮たハムのシチューのお皿をふってみせて、本当に死んだかどうか試してみてくれと頼んでおいた。もし、すこしでも息が残っていたら、彼女は起きあがって食べはじめるだろう。もしシチューの匂いを嗅いでも、身動きもしないようなら、死んだことは確かなのだから、お棺の蓋をしてもいい。(『結婚式のメンバー』渥美昭夫訳。中央公論社。1972年)

ここに挙げるフィリピンの歌は、コメにつらい肉体労働と苦役を重ね合わせたものだ。

田植えにはなにも楽しみはない
朝から日が沈むまで腰を曲げ

立つことも座ることもなく
ほんの少しも休めない

驚くことにこの歌は、第二次世界大戦後、フィリピンにあるアメリカの公立学校で歌われていた。しかしどれほど善意からのものであっても、これを労働をたたえる「賛歌」として選んだ人々に、この歌のもつ本当の意味はわからなかっただろう。

◉コメと文化――日本の場合

日本社会における「コメ」の重要性は広く研究されており、それによって、コメが持つシンボルとしての価値を詳細に追うことができる。

集団の協調、依存と同意という概念は、稲作農業から生じたものだと考えられている。長いあいだ、家々はさまざまな作業を分担し、力を出し合ってきた。水稲栽培は労働集約型産業であるから、皆でいっせいに行なわなければならない仕事がある。播種《はしゅ》、田植え、用水路敷設《ふせつ》にあぜ作り、そして水の共同管理。そのどれもが、地域の家々をつないでいた。家々が集落を作り、その集落全体で助け合い、共同で田植えを行なう。稲刈りのときも同じだ。

地域全体による決定と集団の利益は、個人の意向よりも重視される。何世代にもわたって隣に住み、労働仲間でもある家々のあいだに摩擦が生じないよう努力することが最優先された。コメ文化本来の特徴である集団の一致にゆだねるという歴史は今日も続き、日本人の集団帰属意識を形成している。今日の日本では稲作を行なう家は少数派だが、それでも1億2400万人の日本人は日々、限られたスペースで、集団の調和を維持しようと努めている。日本語も、こうした概念と価値観を理解するてがかりになる。たとえば主食としてのコメの優位性は日本語に反映されている。「ご飯」は、「調理したコメ」と「食事」というふたつの意味をもつ。朝食も昼食も夕食も、「ご飯」の前に時を表す言葉をつけて、朝ご飯、昼ご飯、晩ご飯となる。こうした言葉をみれば、コメなしでは食事が成り立たないと考えられているのは明らかだ。

このほか、瑞穂の国（稲穂が実る国）という日本の古称にもコメとの結びつきが表れている。日本語ではアメリカを米国というが、結果的に、豊かな国に「米」という字をあてているのもおもしろい。

古代から、コメは日本文化とさまざまなつながりをもっている。たとえば、古代の日本では、天皇は「祭祀を統《す》べる」役割をもつようになり、神道においては稲作を務めの中心におき、酒や餅を作ることも行なった。昭和天皇（在位1926～1989）は、病状が悪化

青森県南津軽郡田舎館村の田んぼアート。葛飾北斎『富嶽三十六景』の「神奈川沖浪裏」。

するまで皇居にある田の世話をし、病床にあるときも天候とコメの出来を気にかけた。現在も伝統は引き継がれており、今上天皇（１９３３〜）も収穫を祝う。即位の礼にコメとコメから作ったものが多く用いられている点にも、コメと天皇と神道とのつながりが見える。

コメは、日本において、社会の基盤となる非常に重要な穀物だった。大きな収穫を確保することが必要であり、それによって社会は安定し、繁栄した。「升《しょう》」はコメの計量単位だが、この升を基準に財力を決め［たとえば石《こく》は升の１００倍］、貿易額や物価、武士の俸禄を算定した。

ここに挙げた例はごく一部であって、ほかにも、民話や祭り、アート、家族の行事など、日本の生活のいたるところにコメはある。稲はすべてが利用可能だ。日本の家庭の多くで床に畳を敷くが、伝統的な畳の心材［畳床《たたみどこ》］には1枚につき約32キロの稲藁が利用される。コメのぬかは洗顔剤になるし、コメから造る糊は、本を綴じ、織物やとくに絹の着物の染め抜きをするのに使われた。さらに、月を見れば、アメリカでは「月のなかに人がいる」とか、「女性の顔が見える」というが、コメが文化に溶け込んでいる日本では、「ウサギが餅つきをしている」という。これはよく知られた昔話に出てくる情景だ。

謝辞

本書の執筆、調査を行なうにあたって、以下の方々にご助力いただいたことを感謝する。ジェイ・バークスデール、フィル・ブルーノ、ロバート・カーマック、エイミー・コール、ドリ・アーリッチ、バリー・エスタブルック、スザンヌ・ファス、アレックス・ガルシア、ジョーン・ガーダネラ、ジェニー・ヒューストン、J・J・ヤコブソン、レイチェル・ローダン、モニク・リグノン、シャーロッテ・リンドバーグ、メイ・リン、ジャン・ロンゴン、ヴァネッサ・ルーシン、ダニエル・マートン、ゲーリー・マートン、シモーヌ・マートン、ジョアンナ・マクナマラ、ハン・グエン、マーガレット・ハッペル・ペリー、モリソン・ポーキンホーン、ジュディ・ルシノロ、マリー・シモンズ、アンディ・スミス、ジェーン・スタニッキ、リック・スタイン、ゲーリー・トーブス、ローラ・ワイス、デヴィッド・ウェクスラー、スターシャ・ウィルキー、サラー・ウォーマー。そして、エド・スミスにも心から謝意を表したい。

また、ニューヨーク公共図書館、ミシガン州アナーバーのクレメンツ図書館、全国各地の図書館にもお礼申し上げる。図書館がなければ、私たちの生活はどれほど味気ないものになることか。もちろん、データベースの価値は大きいが、それだけでは間に合わない。

多くの方々に力を貸していただいたが、本書中に間違いがあれば、すべて私に帰するものである。

訳者あとがき

本書『コメの歴史』(*Rice: A Global History*)は、イギリスの Reaktion Books が刊行している The Edible Series の1冊である。食の歴史や文化をあつかうこのシリーズは、料理とワインに関する良書を選定するアンドレ・シモン賞の特別賞を2010年に受賞している。

著者レニー・マートンは食物学の修士号を取得、ニューヨークでシェフ業やケータリング・ビジネスに携わり、実務の経験も豊富だ。現在は、ニューヨークにある調理師や食の専門家を育成する学校(年間2万6000人もの生徒が学んでいるという)で教えていて、各国の食やレシピに関する豊かな知識を備えている。

本書のテーマは、日本人の生活には欠かせない「米」である。とは言っても、取り上げるのは「世界のコメ」だ。日本にいて毎日のように白米のご飯を食べていると、そのコメが世界の標準のようにも思えるが、私たちが普段口にしているジャポニカ米は、じつは世界で取り引きされているコメの10パーセント程度でしかない少数派なのである。世界でおもに生産されているのはインディカ米だ。１９９０年代に天候不順によるコメ不足から日本がコメを緊急輸入したとき、その大半がインディカ米だったことをご記憶の読者もいらっしゃるだろう。一般には私たちが食べている短粒米よりも長い粒で粘り気がなく、その違いに当時は戸惑う人も多かった。だがインディカ米とジャポニカ米はどちらも、アジアイネ（*Oryza sativa*）の仲間だ。そして世界にはもうひとつ、アフリカイネ（*Oryza glaberrima*）がある。現在、世界の栽培イネには11万５０００あまりもの品種があるが、もとをたどればこのアジアイネとアフリカイネのふたつの種にいきつく。ただ、アフリカイネは西アフリカなど限られた地域でしか栽培されておらず、現在世界で食べられているコメはほぼアジアイネから派生したものだ。

著者は、コメの栽培のはじまりから、コメが世界各地で栽培され食べられるようになった道筋をたどる。1万５０００年ほど前に栽培がはじまったコメは、人や物の移動とともに新しい土地へと持ちこまれていく。コメの伝播には、土地や文化の侵略、奴隷制度といった過酷な状況を伴うこともあった。コメがヨーロッパや新大陸アメリカに広まるさいに、アフリカから奴隷として連れてこられた人々やコンキスタドールが果たした役割にも触れられており、世界史の授業を思い出される方も多いだろう。コメは長いあいだに、各地の気候や文化に合った栽培や食べ方をされるようになっていく。アジアの大半で主食とされ食生活や食文化の中心にあるコメも、欧米などでは料理のつけあわせや具材のひとつである場合が多い。またコメにかかわる言葉からも、コメの社会的位置付けがわかる。本書に取り上げられている以外にも、たとえば日本では、同じコメでも田に生えているものは「稲」、刈り取って脱穀したものは「米」、炊いたものは「ご飯」と、それぞれに名称をもつ。だが英語では区別せずにすべて「rice」だ。日本ではコメがかつては経済の基準であり、現在にいたるまで重要な食物でもあって、大事にされてきたことの表れだろう。

本書中に、２０１０年のひとりあたりの年間コメ消費量トップ20の国が紹介されている。しかし、瑞穂の国、日本はこの20か国に入っていない。20位の韓国が76キロ。日本では、１９９０年に70キロだった消費量が、現在55キロ前後にまで減少しているようだ。コメが日本の社会や食生活の中心にあったことを思うと残念だが、とはいえ、数年前からブームの「キャラ弁」も、最近話題になっている「おにぎらず」も、「ご飯」があってのものだ。これからもこうした新しい米文化が生まれ、コメ消費量の維持に貢献してくれることを期待したい。

日本の米文化の紹介で本書がしめくくられているのは、日本人としてはうれしいかぎりだ。改めて、日本が豊かな米文化を持ち、四季折々の風景や、日々の生活や行事に米が溶け込んでいることに気づかされる。余談ではあるが、翻訳作業をしているうちにも、重要事項や注意事項を書き込むとき頭に「※」（米印）を入れ、「ここにもコメが……」と気づくこともあった。消費量の減少やＴＰＰの問題など日本の米を取り巻く環境はなかなか厳しいが、（本書で紹介されている世界のコメ文化が存続することはもちろんだが）これからも、日本の食事の「ご飯とおかず」という基本的な形態が消えず、「瑞穂の国」の原風景である美しい水田がこの先もずっと日本で見られることを心から願っている。また日本では白飯に合わせることでおかず文化が豊かになったとも言われているが、本書で紹介されている世界のさまざまなコメ料理やお菓子の魅力も、読者の皆様に伝わればうれしい。

最後になったが、本書の訳出にあたっては原書房編集部の中村剛氏はじめ、オフィス・スズキの鈴木由紀子氏、中国語やタガログ語などの発音についてアドバイスをもらった友人など、多くの方に大変お世話になった。この場をかりて皆様に心から感謝申し上げる。

２０１５年４月

龍　和子

写真ならびに図版への謝辞

著者と出版社より、図版の提供と掲載を許可してくれた関係者にお礼を申し上げる。作品の掲載ページの一部も以下に掲載する。

Courtesy http://allhindugods.blogspot.com/2013/01/pongal-kolam.html: p. 142; Asian Art Museum, Toronto: p. 141; photos by the author: pp. 9, 53, 47上, 43, 83; photo bdspn/iStockphoto: p. 95; from 'Mrs Beeton', The Book of Household Management . . . by Isabella Mary Beeton (London, 1861): p. 70; bonchan/iStockphoto: p. 30; bopav/iStockphoto: p.135; British Library, London (photos © The British Library Board): pp. 55, 144; photos © The Trustees of the British Museum, London: pp. 70, 92; Brooklyn Museum, New York (licensed under a Creative Commons-BY License): p. 63; photos Amy Cole: pp. 25, 129; Amy Cole, after a map from Asia Society of New York: p. 47下; graytown/iStockphoto: p. 78; photo Hargrett Rare Book and Manuscript Library/University of Georgia Libraries: p. 71; harikarn/iStockphoto: p. 116; photo ildi/iStockphoto: p. 86; photo Jastrow: p. 139; Library of Congress, Washington, DC: pp. 74, 109下; lilly3/iStockphoto: p. 88; MickyWiswedel/iStockphoto: p. 18; Musee du Louvre, Paris: p. 139; photo nitram76/iStockphoto: p. 62; © Rachel Park from art@pota-laworld.com: p. 31; piotr_malczyk/iStockphoto: p. 20; Quaker Puffed Rice Machine - image courtesy of the Anderson Center: p. 109上; photo quintanilla (© CanStockphoto Inc., 2013): p. 58; robyn-mac/iStockphoto: p. 113; photo subinpumsom/iStockphoto: p. 16; photo Jon Sullivan: p. 76; from William Tayler, Sketches illustrating the manner and customs of the Indians and the Anglo-Indians (London, 1842): p. 92; typssiaod/iStockphoto: p. 32; photo courtesy U.S. Department of Agriculture: p. 38; USA Rice Federation: p. 100; wagner_christian/iStockphoto: p. 42.

参考文献

Achaya, K. T., *Historical Dictionary of Indian Food* (Oxford, 2001)

Al-Baghdadi, Mohammad Ibn Al-Hasah, *A Baghdad Cookery Book* (Blackawton, Totnes, Devon, 2006)

Alcock, Joan P., *Food in the Ancient World* (London, 2006)

Anderson, E. N., *The Food of China* (New Haven, CT, 1990)

Balfour, Edward, *The Cyclopaedia of India and of Eastern and Southern Asia: Commercial, Industrial and Scientific Products of the Mineral, Animal and Vegetable Kingdoms, Useful Arts and Manufacture* (London, 1885)

Barnes, Cynthia, 'The Art of Rice', *Humanities,* 24 (September-October 2003), www.neh.gov

Beeton, Isabella Mary, ed., *Mrs Beeton's Book of Household Management* (London, 1861)

Boesch, Mark J., *The World of Rice: Its History, Geography and Science* (New York, 1967)

Bray, Francesca, *The Rice Economies: Technology and Development in Asian Societies* (Berkeley, CA, 1994)

Burton, David, *The Raj at Table: A Culinary History of the British in India* (London, 1993)

Carney, Judith, 'The African Antecedents of Uncle Ben in U.S. Rice History', *Journal of Historical Geography,* 29 (1 January 2003), pp. 1-21

——, 'African Rice in the Columbian Exchange', *Journal of African History,* XLII/3 2001), pp. 377-96

——, 'From Hands to Tutors: African Expertise in the South Carolina Rice Economy', *Agricultural History,* 67 (Summer 1993), pp. 1-30

——, '"With Grains in Her Hair": Rice in Colonial Brazil', *Slavery and Abolition,* XXV/1 (2004), pp. 1-27

Coclanis, Peter A., 'The Poetics of American Agriculture: The United States Rice Industry in International Perspective', *Agricultural History,* 69 (Spring 1995), pp. 140-62

——, *The Shadow of a Dream: Economic Life and Death in the South Carolina Low Country, 1670-1920* (New York, 1989)

——, 'Southeast Asia's Incorporation into the World Rice Market: A Revisionist View', *Journal of Southeast Asian Studies,* XXIV/2 (1993), pp. 251-67

——, 'Breaking New Ground: From the History of Agriculture to the History of Food Systems', *Historical Methods,* 38 (Winter 2005), pp. 5-15

Cole, Arthur Harrison, *Wholesale Commodity Prices in the United States,* 1700-1861 (Cambridge, MA, 1938)

Corson, Trevor, *The Story of Sushi: An Unlikely Saga of Raw Fish and Rice* (New York, 2008)

Davidson, Alan, *The Oxford Companion to Food,* 2nd edn (New York, 2006)

Davis, Lucille, *Court Dishes of China: The Cuisines of the Ch'ing Dynasty* (Rutland, VT, and Tokyo, 1966)

Ewing, J. C., *Creole Mammy Rice Recipes* (Crowley, LA, 1921)

Fragner, Bert, From the Caucasus to the Roof of the World: A Culinary Adventure', in Sami Zubaida and Richard Tapper, eds, *Culinary Cultures of the Middle East* (London, 1994)

Freeman, Michael, Ricelands: The World of South-East Asian Food (London, 2008)

Grist, D. H., *Rice,* 6th edn (New York, 1986)

Hall, Gwendolyn Midlo, *Africans in Colonial Louisiana: The Development of Afro-Creole Culture in the Eighteenth Century* (Baton Rouge, LA, 1992)

Hansen, Eric, 'The Nonya Cuisine of Malaysia: Fragrant Feasts Where the Trade Winds Meet', *Saudi Aramco World,* 54 (September-October 2003), pp. 32-9

Harris, Jessica, *Beyond Gumbo: Creole Fusion Food from the Atlantic Rim* (New York, 2003)

——, *Iron Pots and Wooden Spoons: Africa's Gifts to New World Cooking* (New York, 1989)

Hess, Karen, *The Carolina Rice Kitchen: The African Connection* (Columbia, SC, 1992)

Higham, Charles, and Tracey L.-D Lu, 'The Origins and Dispersal of Rice Cultivation', *Antiquity,* 72 (December 1998), pp. 867-77

Huggan, Robert D., 'Co-Evolution of Rice and Humans', *GeoJournal,* 35 (1995), pp. 262-5

Kumar, Tuk-Tuk, *History of Rice in India: Mythology, Culture and Agriculture* (New Delhi, 1988)

Latham, A.J.H., *Rice: The Primary Commodity* (London and New York, 1998)

McWilliams, James E., *A Revolution in Eating: How the Quest for Food Shaped America* (New York, 2005)

Mancall, Peter C., Joshua L. Rosenbloom and Thomas Weiss, 'Slave Prices and the Economy of the Lower South, 1722-1809', conference paper, January 2000, at www.eh.net.

Medina, F. Xavier, *Food Culture in Spain* (Westport, CT, 2005)

Mintz, Sidney W., 'Asia's Contributions to World Cuisine', in Sidney C. H. Cheung and Tan Chee-Beng, eds, *Food and Foodways in Asia* (Abingdon, 2007), pp. 201-10

Ohnuki-Tierney, Emiko, 'Rice as Self: Japanese Identities Through Time', *Education About Asia,* 9 (Winter 2004), pp. 4-9

Owen, Sri, *The Rice Book* (London, 1993)

Piper, Jacqueline M., *Rice in South-East Asia: Cultures and Landscapes* (New York, 1994)

Robinson, Sallie Ann, with Gregory Wrenn Smith, *Gullah Home Cooking the Daufuskie Way: Smokin' Joe Butter Beans, O' 'Fuskie Fried Rice, Sticky-Bush Blackberry Dumpling, and Other Sea Island Favorites* (Chapel Hill, NC, 2003)

Roden, Claudia, Arabesque. *A Taste of Morocco, Turkey, and Lebanon* (New York, 2006)

——, *The Food of Spain* (New York, 2011).

——, *The New Book of Middle Eastern Food,* revd edn (New York, 2000)

Rodinson, Maxime, A. J. Arberry and Charles Perry, *Medieval Arab Cookery: Essays and Translations* (Blackawton, Totnes, Devon, 2001)

Simmons, Marie, *The Amazing World of Rice: With 150 Recipes for Pilafs, Paellas, Puddings, and More* (New York, 2002)

Smith, Andrew, ed., The Oxford *Encyclopedia of Food and Drink in America* (Oxford, 2004)

Smith, C. Wayne, and Robert Henry Dilday, eds, *Rice: Origins, History, Technology, and Production* (Hoboken, NJ, 2003)

Sokolov, Raymond, 'A Matter of Taste: A Two-Faced Grain', *Natural History,* 102 (January 1993), pp. 68-70

Walker, Harlan, *Staple Foods: Proceedings of the Oxford Symposium on Food and Cookery* (Blackawton, Totnes, Devon, 1990)

West, Jean M., 'Rice and Slavery: A Fatal Gold Seede', www.slaveryinamerica.org, accessed 22 April 2011

Wright, Clifford, *A Mediterranean Feast: The Story of the Birth of the Celebrated Cuisines of the Mediterranean, from the Merchants of Venice to the Barbary Corsairs* (New York, 1999)

Yin-Fei Lo, Eileen, *The Chinese Kitchen: Recipes, Techniques, History, and Memories from America's Leading Authority on Chinese Cooking* (New York, 1999)

Zafaralla, P. B., *Rice in the Seven Arts* (Laguna, Philippines, 2004)

Zaouali, Lilia, M. B. DeBevoise and Charles Perry, Medieval *Cuisine of the Islamic World: A Concise History with 174 Recipes* (Berkeley, CA, 2009)

Zubaida, Sami, and Richard Tapper, eds, *A Taste of Thyme: Culinary Cultures of the Middle East* (London and New York, 2000)

キングストン，マキシーン・ホン『チャイナタウンの女武者』藤本和子訳，晶文社，1978年
コリンガム，リジー『インドカレー伝』東郷えりか訳，河出書房新社，2006年
セン，コリーン・テイラー『カレーの歴史』（「食」の図書館）竹田円訳，原書房，2013年
デスロフ，ヘンリー・C『アメリカ米産業の歴史　1685－1985』小沢健二，立岩寿一，八木宏典訳，ジャプラン出版，1992年

レシピ集

レシピと調理法には，歴史上の時と場所が反映されている。レシピの大半は，「受け継いだ手順」が書きとめられるようになるまでは口伝えにされた。（ローマ時代の美食家アピキウスの頃も，20世紀初頭の著名なシェフ，エスコフィエの時代にしても同じだが）まず貴族の家庭や聖職者に雇われた料理人に伝わり，そのあと中流階級にも広まったのだ。今日にいたるまで，前近代のアラブ文化ほど多数の料理書を生み出したものはなく，現存する本も多い。初のレシピ集は散文で書かれていて，非常に高い調理技術を前提としていた。

私がまず取り上げるレシピは，ピラフとガンボのふたつだ。どちらもよく知られた料理で，多くの国々にさまざまなタイプのものがある。また独特な具材のレシピも登場し，文化の垣根を越えて人気を博している。

◉アルズ・ムファルファル

中世アラブの『料理の書 *Kitāb al Tabīkh*』より，チャールズ・ペリーが翻訳した13世紀のレシピによる。

1. 脂身を用意し，ほどよい大きさに切り分ける。新鮮な尾脂を溶かして脂かすは捨て，そこに肉を加え，こんがりと焼き色がつくまで炒める。
2. 塩少々と細挽きのドライ・コリアンダーを肉にふって，肉がかくれる程度に水を注ぎ，熱が通るまでゆでてあくを取る。
3. 汁気がなくなって煮詰まりはじめたら肉を取り出すが，ぱさつかないようにする。
4. 鍋に適量のドライ・コリアンダー，クミン，シナモンと，細挽きのマスティックを入れ，さらに塩も入れる。
5. よく混ぜ炒めて水気と脂を飛ばしたら，鍋から出し，肉に少量ふりかける。それからコメ1カップと3カップ(3.5カップでもよい）の水をはかる。
6. 新鮮な尾脂を肉の ⅓ 量溶かす。
7. 鍋に水を入れ，沸騰したら溶かした脂を入れる。さらに，マスティックとシナモンのスティックを入れ，沸騰させる。
8. 数回水をかえて洗いサフランで色づけしたコメを，鍋の湯のなかに入れる。このときかき混ぜないこと。鍋にフタをしてコメが煮立って湯がぐつぐついうまで熱する。
9. フタをあけ，肉をコメの上におき，布でフタの上からおおって，空気が入らないようにする。
10. 鍋を，ぐつぐついわない程度の弱火にしばらくかけたら，火からおろす。コメをサフランで色づけしない場合も

ある。

チャールズ・ペリーの注釈によると，「アルズ」はコメ，「ムファルファル」は「コショウの実に似せて調理した」という意味で，つまり，パラパラのコメのことだという。さらにペリーは，ペルシャの「ピラウ」や「ピラフ」に影響を受けた可能性もあると述べている。

………………………………………………

◉ゴールデン・レーズンと松の実のピラフ

ピラフはブルグル［挽き割り小麦］や大麦でも作れるが，一番おいしいのはコメだ。クラウディア・ローデンの『新・中東料理 *The New Book of Middle Eastern Food*』（2000年）には，コメはインド経由でペルシャに伝わり，アラブ人によって南西のスペイン，さらには南のシチリアにまで広まったとある。アラビア語ではロズ，トルコではピラヴ，イランでは，コメに具を加えないものはチェロウ，ほかの具材を加えるとポロウと呼ばれるようになった。ピラフはシチューと供してもよく，型ぬきしたり，赤や黄色に色づけしたり，野菜や果物やナッツ類，肉，魚，クリームや牛乳などと料理するのもよい。食事の場所や相手に合わせ，ピラフはどんな料理とも出せ，一緒に供してもよいし，時間をずらしてもよい。さまざまなタイプの長粒米が使われていて，それぞれにファンがいる。

ここに掲載するレシピは，ローデンが紹介する伝統的なオスマン帝国の宮廷料理のピラフのものだ。

みじん切りのタマネギ…中玉２個
キャノーラ・オイル…大さじ１
松の実（炒ったもの）…100*g*
長粒米…400*g*
チキンスープ…675*ml*（３カップ）
粉末タイプのオールスパイス…小さじ１
シナモン…小さじ１
フェヌグリーク［インドのハーブ］…小さじ１
塩コショウ
ゴールデン・レーズン…大さじ３
バター（小さく切る）…大さじ６
ディル（みじん切り）…大さじ１

1. 大きめの鍋にオイルをひき，タマネギがやわらかく，あめ色になるまで炒める。
2. 松の実とコメを加え，オイルとよくなじんで火が通りはじめるまで，かき混ぜながら中火で炒める。
3. スープストックを注いで，オールスパイス，シナモン，フェヌグリーク，塩コショウ，ゴールデン・レーズンを加えて混ぜる。
4. 煮立ってぐつぐついったらフタをし，コメがやわらかくなるまで弱火に20分ほどかける。
5. バターとディルを加えてかき混ぜ，熱いうちに出す。

ローデンは，トルコのピラフでは，味付け鶏レバーのソテーやディルのみじん切りを，炊き上がったコメに加えてもよい，としている。

ガンボ

ガンボとは野菜の名であり，料理のレシピであり，濃いスープ料理であり，そしてある社会を解説するものでもある。ガンボに使うさまざまな具材で，料理ができた時代がわかるし，そしていくつかの異なる民族の影響が交わった結果，どれもが興味深い組み合わせの，おいしいガンボが生まれている。ここに紹介するのはふたつのタイプで，『カロライナのコメ料理――アフリカとのつながり *The Carolina Rice Kitchen: The African Connection*』（1992年）と，サミュエル.G. ストーニーが1901年に出した『カロライナのコメ料理 *The Carolina Rice Cook Book*』の復刻版の序文からとった。

◉ニューオリンズのガンボ

1. 七面鳥あるいは鶏肉と，新鮮な牛肉を適当な大きさに切り，ラード少量，タマネギ，肉が煮える量の水と一緒に鍋に入れる。
2. 肉がやわらかくなったら，牡蠣100gを殻のなかの汁と一緒に加える。
3. 好みの味付けにし，スープを吸ってしまう前に粘り気が出るまでかき混ぜ，サッサフラスの葉の粉を小さじ2入れる。

「コメと一緒に出す」という説明はないが，おそらくそうだったと思われる。オクラも出てこないが，サッサフラスがオクラのようにとろみ付けに使われたのだろう。

◉南部のガンボ

1. タマネギ大玉2個をスライスして炒める。鶏肉を食べやすい大きさに切り，タマネギと一緒にキツネ色になるまで炒める。
2. スライスしたオクラ1クォート（約1リットル）とトマト大玉4個を用意し，シチュー・パンに1と加え，お湯を注ぐ。
3. とろみがつくまで煮る。塩とアカトウガラシで味付けする。
4. 皿によそい，ゆでたコメと一緒に出す。

ライスプディング

ライスプディングは新世界でも旧世界でも，あらゆるコメ文化に存在する。素朴な，やわらかくて甘いライスプディングから，コンデンスミルクで作ったアロス・コン・レチェや，ナポレオン3世と結婚したウジェニー皇后にささげたリ・ア・ランペラトリス（エスコフィエはバニラ・カスタード，ホイップ・クリーム，ブランデー漬けの果物を使い，型に流し入れて作った）まで，さまざまなものがある。やわらかいもの，硬めのもの，スライスするもの，スプーンですく

うもの。白や黒，茶色いタイプのライスプディングもある。風味付けも，バニラからレモンの皮，カルダモン，カシューナッツ，ピスタチオ，サフランまでさまざまだ。現在は，ライスプディングに使うミルクも，牛乳，ソイミルク，ライスミルク，ココナツミルクと多様だ。

◉アメリカ植民地時代のライスプディング

J.M. サンダーソン著『完璧な料理 *The Complete Cook*』（1846 年）より。

1. カロライナ米（胚芽米）1 カップと牛乳 7 カップを煮立てたら鍋を水につけ，ライスカスタードを作る。煮立てすぎて煮詰めてしまわないこと。
2. 甘味をつけ，スイート・アーモンドの粉を 1 オンス（約 28*g*）加える。

◉キール（牛乳粥）

牛乳…1.1 リットル
バスマティなど長粒米…大さじ 2
粗くつぶしたグリーン・カルダモンのさや…4 個分
無塩ピスタチオ…10 個
砂糖…大さじ 2

（飾り用）
食用の金箔または銀箔（ケーキ専門店かアジア食品店にある）
きざんだピスタチオ（好みで）

1. 牛乳を底が厚い鍋でゆっくりと熱する（容器に入れて電子レンジで温めてから鍋に移し，時間を節約してもよい）。
2. コメとカルダモンのさやを牛乳に加える。
3. ゆっくりと温度を上げ，煮立ったらすぐに火を弱めてとろとろ煮て，コメが鍋底にはりつかないよう，ときどきかき混ぜる。
4. 牛乳が半分程度になるまでときどきかき混ぜながら煮る（1 時間 15 分ほど）。
5. 牛乳を煮ているあいだに，ピスタチオを粗くきざむ。
6. 牛乳が半分程度になったら鍋を火からおろし，カルダモンのさやを取り出す。
7. できたライスプディングをボールに移し，砂糖で味付けする（甘いほうが好みなら，砂糖の量を増やす）。
8. きざんだピスタチオを加え，よくかき混ぜて冷ます。
9. ボールにラップをはり，冷蔵庫で 4 時間からひと晩冷やす。
10. 冷えたら，個々のカップにスプーンですくってよそう。好みで金（銀）箔を飾る。上にピスタチオ少々を飾るのもよい。

◉もち米のプディング

ラクトース耐性のない人向け。

（6 人分）
バニラ風味のライスミルク…675ml（3 カップ）
もち米…200g（1 カップ）
グラニュー糖…150g
すりおろしたショウガ（生）…大さじ 1
すりおろしたレモンの皮…1 個分
塩…小さじ ¼
バニラビーンズのさやを切って種をこそげ取ったもの（さやは砂糖入れやウォッカのビンに入れておく）…1 本
卵…L 玉 2 個
卵黄…1 個
レモンピールの砂糖漬け（細かくきざむ）…大さじ 1
ダークラム…大さじ 2

1. ライスミルク 2 カップ，コメ，グラニュー糖 100g，ショウガ，レモンピールを中くらいのソースパンに入れ，煮立てる。
2. 煮立ったらすぐにとろ火に弱め，フタをして，コメがミルクをほとんど吸ってしまうまで煮る（20 ～ 25 分）。
3. 火からおろし，フタをとって 30 分ほど冷ます。
4. 残りのミルク，グラニュー糖，塩，バニラビーンズペースト，卵，卵黄を中くらいのボールに入れて泡立てる。
5. よく混ぜたら，裏濾し器にかけて大きめのソースパンに移す。
6. 弱火から中火程度の火にかけ，このソースがスプーンの背にくっつくくらいまで約 8 分，ときどきかき混ぜながら熱する。
7. 火からおろし，砂糖漬けのレモンピール，ラム，3 で冷ましたものを加え，とろりとするまでよくかき混ぜる。
8. テーブル用のボールか，内側にオイル（アーモンド・オイルか高品質のオリーブ・オイル）を塗ったカスタード・カップ 6 個に移す。オイルを塗っておくと，ライスプディングが固まったあとに，カップからはずしやすい。
9. 数時間冷やして，型から抜く。室温で 1 時間ほどおき，プディングを供する。
10. ココナツやマンゴーのやわらかいシャーベットを添え，年代物の濃厚なバルサミコ酢を数滴ふるとおいしい。

チャーハン

チャーハンは手早く簡単に調理でき，ご飯以外の残り物も活用できるため，あまり物利用のメニューのなかでも一番ポピュラーな料理だろう。残ったご飯には炊きたてとは違った性質があり，それを生かした調理法を用いる。米食文化を持つ地域にはすべて，残り物のご飯を利用する方法があり，それが料理文化の遺産のひとつにもなっている。

◉ナシゴレン

このレシピは，中国で作るチャーハンをインドネシアとマレー流にしたものだ。このレシピはマイケル・フリーマン著『コメの国——東南アジア料理の世

界 *Ricelands: The World of Southeast Asian Food*』（ロンドン，2008 年）からとった。

ベジタブル・オイル…大さじ 3
みじん切りのニンニク…3 片
みじん切りのエシャロット…4 本
殻をむいた生エビ…150*g*
5 センチ角に切った鶏肉…150*g*
薄口しょうゆ…大さじ 1 ～ 2
あまった冷やご飯…400*g*
卵…4 個
緑の茎部分も含めてスライスしたスプリング・オニオン…2 個
種を取ってきざんだ生トウガラシ…中 3 本
みじん切りのパセリ…大さじ 1
葉をちぎってきざんだコリアンダー…3 本
塩ひとつまみ
粉コショウひとつまみ

1. 煙が出るまでオイルを熱し，ニンニクを加えてあめ色になるまで中火で熱する。
2. エシャロットを加えてキツネ色になるまで混ぜながら炒め，そこにエビ，鶏肉，薄口しょうゆを加え，エビと鶏肉の色が変わるまで混ぜながら熱する。
3. ご飯を入れて混ぜながらエビと鶏肉とよく合わせ，数分間，全体に熱が通るまで炒める。
4. フタをして火からおろす。
5. オイルをひいて黄身が割れないように目玉焼きを作り，火からおろして取りのけておく。
6. できたチャーハンをそれぞれの皿によそい，スプリング・オニオン，トウガラシ，パセリ，コリアンダーをふりかけ，塩とコショウで味を調え，最後に，それぞれの皿のチャーハンに目玉焼きをのせる。

◉ホッピンジョン

ホッピンジョンはアフリカ発祥のコメと豆の料理で，何千年とまではいかないまでも，数百年の歴史を持つ。だがここで紹介するレシピは，現代のコメで作る現代の作り方だ。アフリカとアジアのコメはありとあらゆる豆と組み合わされて国民的料理となり，それぞれの国の料理文化の一面を形成している。カレン・ヘス，ジェシカ・ハリス，ジェームズ・マクウィリアムスなど，アフリカおよびアフリカ系アメリカ人の食文化の研究者たちは「ホッピンジョン」の語源を推測しているが，意見の一致はみられない。アロス・コン・フリホーレスは，カリブ海地域，メキシコ，南アフリカ全域でみられるコメと豆の料理で，つまりホッピンジョンのラテン版だ。

このレシピは，ジェシカ・ハリス著『もてなしの食事――アフリカ系アメリカ人に伝わる料理 *The Welcome Table: African American Heritage Cooking*』（ニューヨーク，1995 年）からとった。

乾燥黒目豆…450*g*
塩漬け豚肉…225*g*
水…950*ml*
生のタイム…1 枝
味を調えるための塩と挽きたての粉黒コショウ
生の長粒米…1½ カップ（150*g*）
お湯…3 カップ（675*ml*）

1. 黒目豆をより分け，泥や小石を取り除いて，4時間からひと晩水に浸す。
2. 塩漬け豚肉を，大型のキャセロールで焼いて脂身を溶かす。
3. 豚肉がカリカリになったら，黒目豆と水950*ml*，タイム，塩コショウを加え，フタをして40分弱火にかける。
4. 調味料で味を調え，豆がやわらかくなるまで煮る。
5. コメを入れ，お湯3カップを足して，コメが水分を全部吸ってやわらかくなるまで弱火でことこと煮る。熱いうちに出す。

元日にはホッピンジョンに10セント硬貨を入れて，それに当たった人は1年中幸運に恵まれる，という趣向をこらす家庭もある。

……………………………………………

◉オイスター・アンド・ライス（ガラのレシピ）

このレシピはローカントリーのものだ。ローカントリーとは，アメリカ，ジョージア州の海岸沿いと沿岸のシー諸島を指し，この地域のアフリカ系アメリカ人住民は「ガラ」と呼ばれている。これは「コメを食べる人々」という意味だ。ここに紹介するレシピは，サリー・アン・ロビンソンとグレゴリー・レン・スミス著『ガラの家庭料理ドーファスキー風 *Gullah Home Cooking the Daufuskie way*』（2003年）からとった。

ベーコン…4枚
クッキング・オイル…大さじ1
みじん切りのタマネギ…大玉1個
みじん切りの青ピーマン…中1個
小麦粉…大さじ2
お湯…3カップ（675*ml*）
味を調える塩と黒コショウ
生米…2カップ（400*g*）
殻をとり，水気を切った牡蠣…1*kg*

1. ベーコンを中型の鍋でカリカリになるまで炒める。
2. 脂は残し，ベーコンを鍋から取り出す。そこにオイル，タマネギ，青ピーマンを入れ，タマネギが透明になるまで混ぜながら炒める。
3. タマネギ，青ピーマンを取り出し，残ったオイルと脂で小麦粉がキツネ色になるまで炒めたら，ベーコン，タマネギ，青ピーマンをもどす。
4. お湯を加え，塩，コショウで味をととのえ，煮立てたら，火を弱めてときどきかき混ぜながら15分ほど煮て，薄いグレービーソースを作る。
5. 数回水をかえてコメを洗い，洗った牡蠣と一緒に鍋に入れる。
6. 全体が混ざったら，フタをし，ときおりかき混ぜながら30～45分ことこと煮る。食事として野菜の副菜を添えて出す。

……………………………………………

◉ライス・ワッフル

ファニー・メリット・ファーマー著『ボストン料理学校の料理書 *The Boston Cooking School Cook*

Book』（1896 年）より。

小麦粉…600*g*
ベーキングパウダー…小さじ 4
冷やご飯…90*g*
塩…小さじ ¼
牛乳…1½ カップ（340*ml*）
溶かしバター…大さじ 1
砂糖…大さじ 2
卵…1 個

1. 小麦粉とベーキングパウダー，塩，砂糖を混ぜ，ふるいにかける。
2. 冷やご飯を指先でこね，牛乳，よくといた卵黄，溶かしバター，角が立つまで泡立てた卵白を加える。
3. 通常のワッフルと同じように焼く。

………………………………………

◉ライス・ア・ラ・ロースト

次のレシピは，テキサス州ヒューストンのアメリカ米のマーケティング団体，アメリカ・ライスカウンシルが 1971 年に出したパンフレットからとった。この『男が喜ぶレシピ集 *Man-pleasing Recipes*』には，冒頭に「毎晩同じことの繰り返しが好きな男はいない！」というせりふが使われている。朝食，昼食，夕食用のコメのレシピが掲載されていて，家族の食事に趣を添える，というのがこのパンフレットの目的だ。「野菜料理向け，優雅な食事向けのレシピ。おいしいこと請け合いです。お試しあれ！」

（6 人分）
みじん切りのグリーン・オニオン，トッピング用…125*g*
みじん切りのピーマン…60*g*
バターまたはマーガリン…大さじ 2
ビーフスープストックで炊いた温かいご飯…400*g*
みじん切りのパプリカ…大さじ 3
塩コショウ

1. オニオンとピーマンを，やわらかいがしゃっきり感を残してバターで炒める。
2. 1 にご飯とパプリカを加え，軽くあえる。
3. 調味料で味を調え，好みのロースト料理と一緒に出す。

………………………………………

◉蒸しご飯 2

グロリア・ブレイ・ミラー著『中国料理 1000 のレシピ *The Thousand Recipe Chinese Cookbook*』（ニューヨーク，1970 年）より。

1. コメをよく洗い，たっぷりの水と鍋に入れ，5 分ゆでたら数回かき混ぜてコメを濾す。
2. コメを，目の粗いガーゼを敷いた竹の蒸し器に入れる。
3. 箸かフォークでコメを数回刺して蒸気が通る小さな穴をあける。
4. 鍋にフタをし，中火に 20 分かける。

ミラーは，1 でコメを濾したあとの湯に砂糖を混ぜて，蒸しご飯とは別に薄いコンギー（粥）として出してもよい，と書いている。

◉ローズマッタ・ライス

ジェフリー・アルフォード，ナオミ・ダギッド著『コメの誘惑 *Seductions of Rice*』（ニューヨーク，2003年）より。

この南インド産のめずらしいパーボイル加工のレッドライスは部分精米したコメで，赤っぽいぬかの層が残っている。パーボイル加工されてはいるが，コメは，調理するさいには洗ってくずやあくを取り除いておく。このコメにはうまみがあり，ぱらぱら感が持続する。

コメ…2カップ（400g）
水…3カップ（675ml）（炊飯器の場合は$2\frac{1}{4}$カップ（500ml））

1. 流水でコメをよく洗い，赤みがかった茶色の部分をとる。
2. ざるに移して水を切り，堅い粒や割れたコメを取り除く。
3. 厚みのある中型の鍋か炊飯器に入れ，水を加える。以下は，鍋を使う場合の手順。
4. しっかりと煮立て，手早く混ぜ，フタをせずに3～4分ゆでる。再度かき混ぜたらフタをして，中火から弱火程度に火を弱める。
5. 5分間ことこと煮たら，フタをしたまま12～15分とろ火にかける。
6. フタはとらずに10～15分ほどおいて蒸らし，木のしゃもじでやさしく混ぜる。コメは，粒がしっかりとしてかみごたえはあるが，熱が通っている状態にする。

※炊飯器を使用する場合は，フタをしてスイッチを入れ，炊く。炊飯器が切れたら，フタをしたまま10～15分蒸らし，混ぜる。

◉チキン・コンギー

みんなの朝食,胃にやさしい食事。コンギー（粥）は塩味の漬物やしょうゆ，ソルテッド・ピーナツ，大根，紅ショウガ，葉野菜の缶詰，ソーセージ，塩漬け魚その他，手早く食べられる残り物と一緒に食べることが多い。このレシピは，シャン・ジュ・リンとツイフェン・リン著『中国料理 *Chinese Gastronomy*』（ニューヨーク，1977年）からとった。

リバー・ライス（短粒種やその他の高でんぷん質のコメ）…100g
チキンスープ…6カップ（1.35リットル）
鶏むね肉…1羽分
塩…小さじ$\frac{1}{2}$
水…大さじ2

1. コメを洗ってチキンスープで煮立てたら，とろ火にして2時間ことこと煮る。
2. そのあいだ，鶏むね肉から皮と骨をとり，肉と皮とを薄切りにする。
3. 肉と皮を包丁の背でたたいて平らにつぶし，塩コショウをふる。
4. コンギー（粥）が煮えたら火をとめ，鶏肉と皮を混ぜ，コンギーに加えてよく合わせ，3～4分蒸らす。ボールによそって出す。

◉プロ・ヒタム（マレーシアのブラックライスの粥）

シャーメイン・ソロモン著『アジア料理百科 *Encyclopedia of Asian Food*』（ボストン，1998 年）より。

黒もち米…220*g*（1 カップ）
水…1.5 リットル
パームシュガー…60*g*
グラニュー糖…大さじ 2
パンダンリーフ…2 枚
ドライリュウガン…6 個
ココナツクリーム…250*ml*
塩…小さじ ¼

（6 人分）
1. コメは何度か水を替えて洗い，水を切る。厚手のソースパンに水を計って一緒に入れ，煮立てる。
2. フタをして 30 〜 40 分ことこと煮て，ときどきかき混ぜて，コメが鍋底にこげつかないようにする。
3. パームシュガーとグラニュー糖，パンダンリーフ，ドライリュウガンを加える（リュウガンが殻つきの場合は殻をとる）。
4. 粥が煮詰まりすぎるようなら，お湯を足す。
5. 米粒がごくやわらかくなるまで煮る。
6. 塩を加えたココナツクリームを添え，温かいうちに出す。

◉玄米のオルチャタ

www.massaorganics.com より。

（2 〜 4 人分）
砂糖…100*g*
無糖ココナツフレーク（加糖のココナツフレークを使う場合は砂糖を減らす）…ひと袋（350*g*）
玄米，ひと晩水に浸して水を切る…¾ カップ（150*g*）
炒ったブランチアーモンド…1 カップ（135*g*）
シナモンスティック…1 本
バニラ風味ライスミルク…55*ml*

1. 砂糖と水大さじ 5 を小さめのソースパンに入れ，中火にかけ煮立て，砂糖が溶けるまでソースパンをときどき動かしながら 4 〜 5 分熱する。
2. 1 でできたシロップをボールに移して冷ます。
3. ココナツフレークと水 1½ カップをなめらかになるまでミキサーにかける。
4. 目の細かい裏濾し器にかけて，ゴムべらで固形物をつぶし，できるだけ多くココナツミルクをしぼりだし，ボールに取り分けておく。
5. 洗ったミキサーにコメ，アーモンド，シナモン，水 2 カップを入れ，なめらかなピューレ状になるまで攪拌する。
6. 中身を目の粗いガーゼで濾してボールに移し，固形物はおしつぶして，できるだけ多く水分を取り出し，それを洗ったミキサーに戻す。

7. 取り分けておいたココナツミルク¾カップ，シロップ，ライスミルク，角氷2カップをミキサーに入れ，氷が十分に細かく砕けて中身が冷たくなるまで攪拌する。
8. 2～4杯に分け，すぐに出す。

………………………………………………

◉真珠蒸し

シャン・ジュ・リン，ツイフェン・リン著『中国料理 *Chinese Gastronomy*』（ニューヨーク,1977年）より。

もち米…大さじ6
塩…小さじ1
豚脂身ひき肉…100*g*
豚赤身ひき肉…100*g*
ワイン…小さじ1½
砂糖…小さじ½
薄口しょうゆ…小さじ2
コーンフラワー（コーンスターチ）…大さじ1
MSG［うま味調味料］…小さじ½
オイル
しょうゆ…大さじ5
酢…大さじ3

1. コメを2パイント（約1.1リットル）入りカップ（容量4カップのパイレックス容器）にとり，3カップの目盛まで水を入れて45分つけておき，水を切る。コメに塩を混ぜる。
2. 別のボールで，豚肉，ワイン，砂糖，しょうゆ，コーンフラワー，MSG，水小さじ1を混ぜ合わせる。
3. 肉を調味料としっかり混ぜ，2.5センチ大のミートボールを作る。
4. ミートボールをもち米のうえで転がし，オイルを塗った皿に並べる。ぴっちりとフタをして，30分蒸す。
　小皿で酢じょうゆを作り，ミートボールと一緒に出す。

………………………………………………

◉エスパソル（もち米粉のライスケーキ）

レイナルド・アレジャンドロ著『フィリピン料理の本 *The Philippine Cookbook*』（ニューヨーク，1985年）より。

このフィリピンのレシピは，フィリピンの食事作法では，すべての料理やコースを同時に，甘いデザートも風味のよい料理も一緒に出す，という忠告付きだ。だから，この料理は必ずしもデザートに出てくるわけではない。

（15～20個分）
もち米粉…4カップ（560*g*）
砂糖…150*g*
ココナツミルク…2缶
塩…小さじ½

1. もち米粉をクッキー・シートにのせてローストする。
2. 砂糖，ココナツミルク，塩を煮立てる。
3. ローストしたもち米粉を3カップ加え，とろりとするまで，ときどきかき混ぜながら火にかける。
4. 火からおろし，残りのもち米粉の一部をふったまな板の上に移す。

5. のし棒で $1/4$ インチ［約6ミリ］程度の厚さにのばし，ひし形に切る。残りのもち米粉の上で転がす。

ライスヌードル

ライスヌードルには，生麺，乾麺，長いもの，短いもの，また細麺，太麺もあれば，自分の好みで切ったり好きな形にしたりもできる加熱済みの広いシート状の麺もある。中国とタイはライスヌードルの最大の輸出国だ。通常の米粉を材料とするものや，もち米粉，または，弾力性や食感を考慮し，タピオカやコーンスターチといったコメ以外の材料を使用したヌードルがある。

生のライスシートは，細切りにしてもなにかを詰めてもよく，乾燥しないうちに食べる。乾燥させたライスヌードルはライススティックともいい，調理前に，室温程度の水に 10 ～ 20 分つけてやわらかくする。そうしないと煮くずれてしまう。スープを作るときには，水につけたあとにライスヌードルをさっとゆでると，余分なでんぷんが取り除かれて，だし汁がにごらない。

◉シンガポール・ヌードル

コリーヌ・トラン著『毎日食べるヌードル料理——ラーメンからライスヌードルまで　アジアのおいしいレシピ集 *Noodles Every Day: Delicious Asian Recipes from Ramen to Rice Sticks*』（サンフランシスコ，2009 年）より。

このレシピはアメリカの中国料理レストランで人気があり，残り物の広東風焼き豚やカレー粉を使用するが，カレー粉を使う点にはシンガポールにおけるインドの影響がうかがえる。

（6 人分）

乾燥ライス・バーミセリ（ライスヌードル），やわらかくなるまで水につける…225*g*
小さめのブラックタイガー，頭，殻，背わたを取る…24 匹
ベジタブル・オイル…大さじ 3
小さめのくし切りにしたタマネギ…小玉 1 個
殻をむいた生のピーナツ，または解凍した冷凍ピーナツ…75*g*
カレー粉（インド産）…小さじ 2
広東風焼き豚…175*g*
魚醬…大さじ $1\frac{1}{2}$
コーシャーソルト［ユダヤ教の食事規定にのっとった，精製されていない自然塩］と挽きたての粉コショウ
コリアンダー…6 枝分，葉をつむ

1. 鍋に湯をわかし，ヌードルがやわらかくなるまで 10 秒ほどゆでる。
2. ゆでたらヌードルをボールに移し，鍋のお湯でエビを 1 分ほどゆでる。
3. オイル大さじ 1 を長柄の鍋か中華鍋で熱し，タマネギが色づくまで，かき混ぜながら 3 ～ 4 分炒める。
4. オイル大さじ 2，ヌードル，ピーナツを加え，カレー粉をふる。
5. ヌードル全体が黄色に色づくよう，十分に鍋をふる。

6. 焼き豚，エビ，魚醬を加えて，5分ほど，全体に火が通るよう混ぜながら炒める。
7. 塩コショウで味を調え，コリアンダーを添えて出す。

レニー・マートン（Renee Marton）
ニューヨーク大学にて食物学の修士号を取得。シェフ業やケータリング・ビジネスに 20 年間携わった経験をもつ。現在はニューヨークの料理学校で，調理技術および食物史を教える。レシピ，調理／料理の歴史，食文化史等，幅広く食を研究する。

龍和子（りゅう・かずこ）
北九州市立大学外国語学部卒。訳書に，ジャック・ロウ『フォト・メモワール　ケネディ回想録』（原書房），猪口孝編『現代日本の政治と外交 I　現代の日本政治——カラオケ民主主義から歌舞伎民主主義へ』（共訳，原書房）などがある。

「食《しょく》」の図書館《としょかん》

コメの歴史《れきし》

●

2015年4月27日　第1刷

著者……………レニー・マートン
訳者……………龍《りゅう》 和子《かずこ》
装幀……………佐々木正見
発行者……………成瀬雅人
発行所……………株式会社原書房

〒160-0022 東京都新宿区新宿 1-25-13
電話・代表 03(3354)0685
振替・00150-6-151594
http://www.harashobo.co.jp

本文組版……………有限会社一企画
印刷……………シナノ印刷株式会社
製本……………東京美術紙工協業組合

ISBN 978-4-562-05152-6, Printed in Japan

パンの歴史《「食」の図書館》
ウィリアム・ルーベル／堤理華訳

変幻自在のパンの中には、よりよい食と暮らしを追い求めてきた人類の歴史がつまっている。多くのカラー図版とともに読み解く人とパンの６千年の物語。世界中のパンで作るレシピ付。　２０００円

カレーの歴史《「食」の図書館》
コリーン・テイラー・セン／竹田円訳

「グローバル」という形容詞がふさわしいカレー。インド、イギリス、ヨーロッパ、南北アメリカ、アフリカ、アジア、日本など、世界中のカレーの歴史について豊富なカラー図版とともに楽しく読み解く。　２０００円

キノコの歴史《「食」の図書館》
シンシア・D・バーテルセン／関根光宏訳

「神の食べもの」か「悪魔の食べもの」か？　キノコ自体の平易な解説はもちろん、採集・食べ方・保存、毒殺と中毒、宗教と幻覚、現代のキノコ産業についてまで述べた、キノコと人間の文化の歴史。　２０００円

お茶の歴史《「食」の図書館》
ヘレン・サベリ／竹田円訳

中国、イギリス、インドの緑茶や紅茶のみならず、中央アジア、ロシア、トルコ、アフリカまで言及した、まさに「お茶の世界史」。日本茶、プラントハンター、ティーバッグ誕生秘話など、楽しい話題満載。　２０００円

スパイスの歴史《「食」の図書館》
フレッド・ツァラ／竹田円訳

シナモン、コショウ、トウガラシなど５つの最重要スパイスに注目し、古代～大航海時代～現代まで、食はもちろん経済、戦争、科学など、世界を動かす原動力としてのスパイスのドラマチックな歴史を描く。　２０００円

（価格は税別）

鮭の歴史　《「食」の図書館》
ニコラース・ミンク／大間知知子訳
人間がいかに鮭を獲り、食べ、保存（塩漬け、燻製、缶詰ほか）してきたかを描く、鮭の食文化史。アイヌを含む日本の事例も詳しく記述。意外に短い生鮭の歴史、遺伝子組み換え鮭など最新の動向もつたえる。　２０００円

レモンの歴史　《「食」の図書館》
トビー・ゾンネマン／高尾菜つこ訳
しぼって、切って、漬けておいしく、油としても使えるレモンの歴史。信仰や儀式との関係、メディチ家の重要な役割、重病の特効薬など、アラブ人が世界に伝えた果物には驚きのエピソードがいっぱい！　２０００円

牛肉の歴史　《「食」の図書館》
ローナ・ピアッティ＝ファーネル／富永佐知子訳
人間が大昔から利用し、食べ、尊敬してきた牛。世界の牛肉利用の歴史、調理法、牛肉と文化の関係等、多角的に描く。成育における問題等にもふれ、「生き物を食べること」の意味を考える。　２０００円

ハーブの歴史　《「食」の図書館》
ゲイリー・アレン／竹田円訳
ハーブとは一体なんだろう？　スパイスとの関係は？　それとも毒？　答えの数だけある人間とハーブの物語の数々を紹介。人間の食と医、民族の移動、戦争…ハーブには驚きのエピソードがいっぱい。　２０００円

ニンジンでトロイア戦争に勝つ方法　上・下　世界を変えた20の野菜の歴史
レベッカ・ラップ／緒川久美子訳
トロイの木馬の中でギリシア人がニンジンをかじった理由は？　など、身近な野菜の起源、分類、栄養といった科学的側面をはじめ、歴史、迷信、伝説、文化まで驚きにみちたそのすべてが楽しくわかる。　各２０００円

（価格は税別）

ケーキの歴史物語《お菓子の図書館》

ニコラ・ハンブル／堤理華訳

ケーキって一体なに？ いつ頃どこで生まれた？ フランスは豪華でイギリスは地味なのはなぜ？ 始まり、作り方と食べ方の変遷、文化や社会との意外な関係など、実は奥深いケーキの歴史を楽しく説き明かす。 2000円

アイスクリームの歴史物語《お菓子の図書館》

ローラ・ワイス／竹田円訳

アイスクリームの歴史は、多くの努力といくつかの素敵な偶然で出来ている。「超ぜいたく品」から大量消費社会に至るまで、コーンの誕生と影響力など、誰も知らないトリビアが盛りだくさんの楽しい本。 2000円

チョコレートの歴史物語《お菓子の図書館》

サラ・モス、アレクサンダー・バデノック／堤理華訳

マヤ、アステカなどのメソアメリカで「神への捧げ物」だったカカオが、世界中を魅了するチョコレートになるまでの激動の歴史。原産地搾取という「負」の歴史、企業のイメージ戦略などについても言及。 2000円

パイの歴史物語《お菓子の図書館》

ジャネット・クラークソン／竹田円訳

サクサクのパイは、昔は中身を保存・運搬するただの入れ物だった!? 中身を真空パックする実用料理だったパイが、芸術的なまでに進化する驚きの歴史。パイにこめられた庶民の知恵と工夫をお読みあれ。 2000円

パンケーキの歴史物語《お菓子の図書館》

ケン・アルバーラ／関根光宏訳

甘くてしょっぱくて、素朴でゴージャス——変幻自在なパンケーキの意外に奥深い歴史。あっと驚く作り方・食べ方から、社会や文化、芸術との関係まで、パンケーキの楽しいエピソードが満載。レシピ付。 2000円

（価格は税別）